Collection Architektur

Anthony Vidler

Claude-Nicolas Ledoux

Aus dem Englischen von Andreas Müller

Birkhäuser Verlag
Basel · Boston · Berlin

Die Originalausgabe erschien 1987 unter dem Titel ‚Ledoux' bei Fernand Hazan, Paris.

Der Autor dankt den folgenden Personen für ihre Hilfe und Unterstützung: Richard Edwards, Direktor der Fondation Claude-Nicolas Ledoux in Arc-et-Senans, Monique Mosser, Bruno Fortier, Antoine Grumbach und Jean-Christoph Bailly.

CIP-Titelaufnahme der Deutschen Bibiliothek

Vidler, Anthony:
Claude-Nicolas Ledoux / Anthony Vidler. Aus d. Engl. von
Andreas Müller. – Basel ; Boston ; Berlin : Birkhäuser, 1988
(Collection Architektur)
Einheitssacht.: Ledoux ⟨dt.⟩
ISBN 3-7643-2201-2
NE: Ledoux, Claude Nicolas [Ill.]

Layout: Gregor Messmer
Printed in Germany
ISBN 3-7643-2201-2

Inhaltsverzeichnis

Maison de Plaisir, Lageplan (aus *l'Architecture...*, Tafel 308). Die Nummern der Tafeln beziehen sich immer auf den Nachdruck der *Architecture...* im Verlag Dr. Alfons Uhl, Nördlingen, 1981. Sind einzelne Tafeln der Edition Ramée entnommen, wird diese Quelle jeweils angegeben.

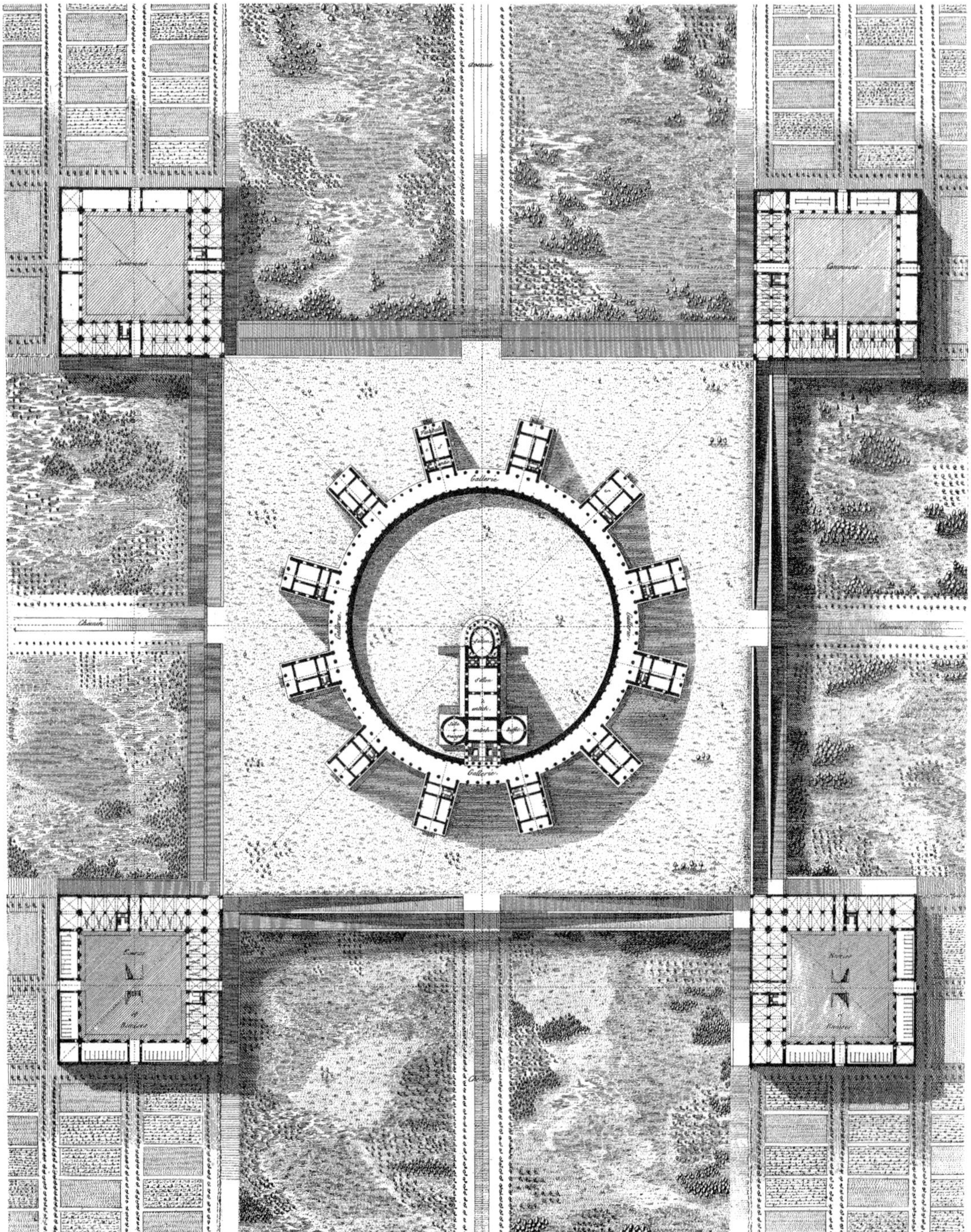

Einführung

„Sind wir wirklich auf eine solche Stufe des Unglücks gesunken, daß wir die Barrières von Paris unbedingt bewundern müssen?"
Victor Hugo[1]

Schon lange vor der Französischen Revolution und fortdauernd bis heute hat sich die Architektur von Claude-Nicolas Ledoux als fruchtbares Feld für Kritikergefechte und mythische Interpretationen erwiesen; dem historischen Verständnis jedoch gewährte sie kaum jemals Zugang. Eine Geschichte der Haltungen zu Ledoux würde ein reich illustriertes Kompendium der gegensätzlichsten radikalen Positionen in der Architektur der letzten beiden Jahrhunderte ergeben. Zu seinen Lebzeiten wurde Ledoux zunächst als brillanter, wenn auch extravaganter Bauzeichner bekannt, doch sehr bald wurde er als ruinöser Architekt, als Größenwahnsinniger und Feind des Klassizismus verschrien. Quatremère de Quincy warf ihm vor, die Architektur „des genres de torture"[2], also einer Art Folter, unterworfen zu haben, und diese ästhetische Mißbilligung verband sich nach der Revolution mit politischer Ächtung. Der Schützling der Madame Dubarry und gehorsame Diener der Generalpächter, deren Plan, die Pariser Bevölkerung in Zollmauern einzuschließen, er steinerne Wirklichkeit verliehen hatte, fand wenig Sympathie für seine Konzepte zu Agrar- und Industriereformen.

Um 1830 fällte Victor Hugo aus anderen Gründen ein ähnliches Verdikt wie Quatremère de Quincy: Seine Anklage, die Architekten des späten 18. Jahrhunderts hätten ihre Kunst auf bloße Geometrie, auf „das Knochengerüst eines abgemagerten Kranken", reduziert, nannte die Zollhäuser das schlimmste Beispiel einer modernen Architektur, die unwürdig sei, derjenigen des Mittelalters nachzufolgen. Hugos Stimme war nur eine von vielen, die während der Julimonarchie Ledoux' Arbeiten verurteilten; Léon Vaudoyer, der Sohn eines Ledoux-Epigonen, prägte das bissige Beiwort „architecture parlante"[3] für die am deutlichsten bildersprachlichen Entwürfe. Diese Verallgemeinerungen wurden bis in die zwanziger Jahre hinein wiederholt; es gab nur wenige Ausnahmen. Dann, im Zuge einer Neubewertung der Abstraktion, wurde Ledoux als unbestreitbarer Vorgänger von Le Corbusier neu entdeckt, wie es Emil Kaufmann formulierte.[4] Er avancierte nun zum Namenspatron des Modernismus, zumal er jenen Architekten der Aufklärung zugerechnet wurde, die eine Revolution in der Architektur parallel zur Revolution in der Politik nach 1789 vorbereitet hätten. Natürlich erkannte Kaufmann, daß Ledoux kein politischer Revolutionär war, doch aus der Sicht der späten zwanziger Jahre schienen die formalen Wandlungen und utopischen Bestrebungen seiner Architektur diejenigen des bürgerlichen Staates vorwegzunehmen. Kaufmann beschäftigte, ähnlich wie Cassirer, das Wirken der Vernunft in der Politik, zwischen Rousseauscher Individualität und Kantscher Objektivität, und in Ledoux fand er ein dankbares Studienobjekt zu einer Zeit, als er die rationalen Ideale der Neuen Sachlichkeit durch die nostalgische Rückwendung im Dritten Reich gefährdet sah. Vieles danach hat die Ledoux-Interpretation noch verwirrender gemacht: daß Hitlers Architekten sich vom

[1] Victor Hugo, „Guerre aux démolisseurs!", 1832, in: *Revue des Deux-Mondes 1829–32, V*, S. 607–12.

[2] Quatremère de Quincy, Artikel „Barrière", in: *Encyclopédie méthodique; Architecture*, Bd. I., Paris 1788, S. 216.

[3] *Magasin pittoresque, 20*, 1852, S. 388.

[4] Emil Kaufmann, *Von Ledoux bis Le Corbusier*, Wien 1933.

aufgebläht Monumentalen des Neoklassizismus inspirieren ließen und den Modernismus als bolschewistisch denunzierten; daß nach dem Krieg Hans Sedlmayr, der früher auch nationalsozialistische Anschauungen vertreten hatte, den Angriff gegen Ledoux wieder aufnahm und ihn nun als den bösen Geist im „Verlust der Mitte" darstellte[5]; daß die sechziger Jahre sich Ledoux im Namen eines utopischen Sozialismus aneigneten und daß er schließlich, im vergangenen Jahrzehnt, als umworbenes und oft kopiertes Idol einer anti-modernistischen Postmoderne verbraucht wurde. Jüngste Studien fanden in Ledoux einen Visionär, einen Adepten des Mystizismus und der okkulten Geometrien. Es scheint wenig Interesse daran zu bestehen, diese mythischen Dimensionen zugunsten größerer historischer Genauigkeit zu verlassen; eine Ausnahme bildet Michel Gallet, der Ledoux in mühevoller Kleinarbeit in seinem Umfeld, den Lebens- und Arbeitsbedingungen am Ende des 18. Jahrhunderts, verortet hat.[6]

[5] Hans Sedlmayr, *Verlust der Mitte*, Salzburg 1948; neu Frankfurt/Berlin/Wien 1983.

[6] Michel Gallet, *Claude-Nicolas Ledoux. Leben und Werk des französischen „Revolutionsarchitekten"*, Stuttgart 1980.

Gegen alle diese ästhetischen Besitzergreifungen gilt es einen anderen Ledoux zu halten: einen, der zwar viele dieser einander widerstrebenden Züge vereinte, der aber auch in seiner Zeit verankert und von ihr geprägt war und mehr von einem Architekten der Aufklärung an sich hatte, als viele gern zugeben würden. Dieser Ledoux war aus eigenen Kräften, dank seines Talents, aus dem ländlichen Kleinbürgertum aufgestiegen; früher als viele seiner Berufskollegen hatte er eine ausgereifte Vorstellung von den Aufgaben und dem Können eines modernen Architekten entwickelt. Natürlich war es gerade diese Vision in ihrer Offenheit und Fülle, die ihm so viel Unruhe schaffte; doch zugleich gestattete sie ihm, mit den Sozialreformern und leitenden Bürokraten des Ancien Régime ein und dieselbe Verständnisebene zu finden: ein „Ideologe" der Architektur unter den „Ideologen" der Kultur und Politik. Für sie entwarf er das Bild einer Architektur im Dienst des Staates, und wie ausschweifend seine Phantasien auch waren: dieser Staat, in Person der Generalverwalter, Generalpächter und privaten Auftraggeber, vertraute ihm bis zuletzt. Erst als die eigene Macht bedroht war, kündigte man seine Dienste auf, doch aus Gründen der Politik, nicht der Architektur. In diesem Umfeld erscheint Ledoux als eine ganz und gar verständliche Figur: er war das Produkt der Moral- und Erziehungsphilosophie der Aufklärung, genauer, der *Encyclopédie.* Seine Ideale waren Gemeinplätze einer Generation, die ganz durch Diderot und dessen Mitarbeiter geprägt war; Ledoux griff bereitwillig, wenn auch unsystematisch, das Gedankengut jener Philosophen, Ökonomen und Schriftsteller auf, die sich der Reform überkommener Institutionen und Sozialformen verschrieben hatten.

Doch so deutlich Ledoux' ideologische Herkunft ist, so leicht sie sich in dem anspielungsreichen und viele Elemente verknüpfenden Text seines

Nächste Doppelseite: Perspektivische Ansicht des Portals vor dem Hôtel Thélusson (aus der *Edition Ramée,* Tafel 165). 1826 zerstört. Dieses Stadthaus, einst von Murat bewohnt, wurde von vielen, darunter Napoleon, als das eleganteste von Paris empfunden.
Im Rahmen links oben: Garten und Triumphbogen von der Grotte aus gesehen, die sich unter dem großen Peristyl befand. Der Stich wurde von Ledoux veröffentlicht.

Buches entziffern läßt, so sehr widerstehen die eigenwilligen Züge seiner Architektur, gebaut oder als Ideal projektiert, der Analyse. Von Beginn seiner Laufbahn an verweigerten sich seine Entwürfe den anerkannten Regeln und Moden des Geschmacks; und so wie es schon seinen Zeitgenossen schwerfiel, ihre halb bewundernden, halb schockierten Reaktionen auf seinen unverkennbar persönlich geprägten Stil zu formulieren, so haben auch die Kunsthistoriker ähnliche Schwierigkeiten bei der Klassifizierung. Ledoux teilte zwar die Reaktion vieler Zeitgenossen auf den wuchernden Überschwang des Rokoko, doch seine ganz eigene Art der „Rückkehr zur Antike", wie sie Historiker von Hautecœur bis Gallet konstatierten, vermied sowohl das eklektische Spiel der Piraneser Legeay, Boullée, De Wailly und anderer als auch den immer stärker ausgeprägten antikisierenden Historismus in der Nachfolge von David Le Roy.[7] Und in gleicher Weise konnte auch seine Palladio-Adaption, obwohl sie wie die von Brongniart, Bélanger und Chalgrin ihre Wurzeln in England hatte, wegen seiner uneinsichtigen Übernahme von Formen und Motiven aus dem Englischen Barock nicht wieder auf ihren venezianischen Ursprung zurückgeführt werden.[8]

Diese Besonderheiten könnten, auf einer Ebene wenigstens, durch die Umstände erklärt werden, die Ledoux' Erziehung bestimmten. Ohne eigene Mittel und ohne einen reichen Mäzen war er nicht in der Lage, die traditionelle Reise nach Rom zu unternehmen; so mußte er seine „Altertümlichkeit", soweit sie überhaupt vorhanden war, an französischen Beispielen lernen, und auch sein Klassizismus bezieht sich auf vergleichbare Entwürfe aus dem Frankreich des siebzehnten Jahrhunderts. Falls er England überhaupt je besucht hat, kann es nur gegen Ende seines beruflichen Weges gewesen sein. Er hatte seine Ausbildung als Kupferstecher begonnen, und so beruhte seine architektonische Kenntnis vor allem auf berühmten Stichsammlungen, angefangen von Campbells *Vitruvius Britannicus*[9], über Blondels *Architecture Française*[10] bis zu den Tafeln der *Encyclopédie.* Deshalb erscheint seine Architektur, im Unterschied zu den Arbeiten der anderen Schüler von Blondel, gleichermaßen abstrakt wie theoretisch; seine Entwürfe entstehen frei nach Plänen und Bildern anderer Bauten, die Art der maßstäblichen Verkleinerung ist die des Kupferstechers und ein gutes Mittel, verschiedene Elemente in eine Einheit zu überführen. So ist sein Werk auf ähnliche Weise didaktisch wie die Tafeln von Diderot, analytisch und synthetisch zugleich.[11] Daraus hat Kaufmann zu recht auf einen „modernistischen" Ledoux geschlossen: seine Architektur besteht nicht aus einer Collage fertiger Elemente, sie besteht auch nicht aus der verwandelten Wiederholung eines historischen Vorbildes, sondern sie wächst aus der dreidimensionalen Darstellungsweise, die es erlaubt, die verschiedenen Wirkungen einer nach außen solide geschlossenen Wand

[7] Monique Mosser u. a., *Piranèse et les Français,* Rome, Dijon, Paris 1976.

[8] Michel Gallet, „Palladio et l'architecture française dans la seconde moitié du XVIIIe siècle", in: *Monuments historiques 2,* 1975.

[9] Colen Campbell, J. Woolfe, J. Gandon, *Vitruvius Britannicus,* London 1769.

[10] Jacques-François Blondel, *Architecture française,* 4 Bd., Paris, 1752–56.

[11] Vgl. Roland Barthes, „Les planches de l'Encyclopédie", in: *Le degré zéro de l'écriture,* Paris 1972.

und vielfältiger räumlicher Durchdringungen im Inneren darzustellen. Und obwohl es historisch ein wenig riskant scheint, noch einmal einen Vergleich mit Le Corbusier zu wagen, bleibt wahr, daß beide Architekten ihr formales Repertoire aus dem Wechselspiel zwischen innerem Gefüge und äußerem Aufbau beziehen. Le Corbusier läßt auf seine „Promenade architecturale" die Kraft primärer geometrischer Grundformen einwirken, während Ledoux alle Bedeutungen axialer Anordnungen erprobt, um sie systematisch durch alle möglichen Variationen eines Grundrisses aus neun Quadraten zu überlagern. Eine weniger anachronistische Analogie, und eine die Ledoux selbst gezogen hat, läßt sich in den rituellen Bewegungen der Opernmusik von Gluck oder in der eleganten Symmetrie der Symphonien von Mozart finden.

1. Klassische Maximen

„Empfehlt doch den Moralisten die Dialoge Ciceros über das Alter, über die Freundschaft, über das Wesen der Götter... Schenkt den Bauern das Wissen Columellas, gebt ihnen Hesiods ‚Werke und Tage' und die ‚Georgica' des Poeten aus Mantua zu lesen... Werdet vertraut mit den Schätzen der Literatur, den göttlichen Geistern, die meine Kühnheit beschirmen." (148*)

* Die Nummern in Klammern am Ende der Zitate von Ledoux beziehen sich immer auf den ersten Band von *l'Architecture considerée sous le rapport des l'art, des moeurs et de la législation,* 1804 von Ledoux in Paris veröffentlicht. Der zweite Band enthält ausschließlich Bildtafeln. (Nachdruck Nördlingen, 1981).

Claude-Nicolas Ledoux wurde am 27. März 1736 in Dormans, einem Dorf in der Marnelandschaft, geboren.[12] Seine Eltern, der Kaufmann Claude Ledoux und seine Frau Françoise Dominot, lebten dort in äußerst bescheidenen Verhältnissen. Doch Claude-Nicolas hatte Glück: gleich nach Abschluß der dörflichen Pfarrschule erhielt er ein Stipendium der Diözese Soissons, das ihm erlaubte, in Paris zu studieren. Ledoux behält die ersten dreizehn Jahre seines Lebens inmitten eines bodenständigen, rechtschaffenen dörflichen Lebens für immer in liebevoller und sehnsüchtiger Erinnerung. Seine ganze berufliche Laufbahn hindurch beschäftigt er sich immer wieder mit landwirtschaftlichen Reformen, und am Ende seines Lebens wird die Reform der Gesellschaft durch das Landleben eines seiner wichtigsten Themen. Wenn er als alter Mann von einem Utopia in der Franche-Comté träumt, dann sieht er zurück auf die Bilder seiner Kindheit, dann denkt er an bäuerliche Feste, an das jahreszeitliche Arbeiten und an die handwerklichen Fertigkeiten, die der dörfliche Alltag mit sich bringt. Wie Rousseau suchte Ledoux nach Grundlagen für eine natürliche Sittlichkeit in der Erziehung und fand in den Erfahrungen seiner eigenen Kindheit ein Modell für die Gesellschaft im allgemeinen.

[12] Zu Ledoux' Jugend vgl. J. Cellerier, *Notice rapide sur la vie et les ouvrages de Claude-Nicolas Ledoux,* Paris 1806.

Obwohl sich Ledoux später gegen einen strengen Akademismus wenden wird, so ist es doch sein Aufenthalt am Collège de Beauvais, von 1749 bis 1753, der ihm Zutritt gewährt zu einer Welt, die er nie wieder verlassen wird: die Welt der antiken und der modernen Klassik und die der neuen, fortschrittlichen Wissenschaften. Hier lehrt man ihn die Grundlagen der Geometrie, hier lebt er mit anderen strebsamen Schülern, hier finden Begegnungen mit zukünftigen privaten und öffentlichen Auftraggebern statt.[13] Die Hochschule ist eine Gründung der Jansenisten. Ledoux lebt hier in einer engen Gemeinschaft aus Professoren und Stipendiaten, trägt wie die anderen blau und weiß; hier beginnt seine Liebe zur griechischen und lateinischen Poesie und Rhetorik, die ihn sein Leben lang begleiten wird. Die didaktische Methode seines Lehrers Rollin beruhte auf einer Reihe von *morceaux choisis* – Zitate und Lesestücke aus großen historischen Werken –, die ihm als Beispiele für moralische und soziale Tugenden dienten. Die Wirkung auf Ledoux zeigt sich gleichermaßen in seinen Schriften und seinen Entwürfen. Sie sind voll von klassischen Anspielungen und halb erinnerten Zitaten. Seine *Architecture* wird gleichsam zum Spiegelbild dessen, was er gelesen hat – und seine Lektüre war in jeder Beziehung konventionell: Homer, Vergil, Ovid und Horaz waren seine bevorzugten Dichter; aus Plutarch, Plinius, Tacitus und Caesar nahm er seine Vorstellungen von Geschichte; Cicero, Aristoteles und viele weniger bekannte römische Schriftsteller waren seine Quelle für die klassische Rhetorik; in Hesiod, Xenophon und Columella fand er Anregungen zum Thema Landleben und Landwirtschaft. Zu diesen Vorbildern gehörten auch einige

[13] Zur Geschichte des Collège von Beauvais vgl. Crévier, *Histoire de l'Université de Paris,* Bd. II, Paris 1761.

„Moderne", die von den Jansenisten geschätzt wurden: Racine und Pascal galten als die beiden Pfeiler des Klassizismus und Rationalismus; im *Télémaque* von Fénelon fand er die Idealfigur des reformfreudigen Architekten; die *Entretiens sur la pluralité des mondes* von Fontenelle nahmen Ledoux' Zukunftsträume vorweg; die Fabeln von La Fontaine und La Bruyères *Caractères* gaben ihm Muster für Parabeln und physiognomische Bilder vor.[14]

[14] Die Ergänzung des Lehrprogramms um die „Modernen" wurde von Charles Rollin vorgenommen; in seinem eigenen Text verweist Ledoux immer wieder dankbar auf die Lehrmethoden Rollins.

Dieser „ideale Unterrichtsraum", in dem Geschichte ohne Tränen gelehrt wurde und die goldene Sonne der Antike Natur und Kunst gleichermaßen verklärte, enthielt für Ledoux die realen und ideellen Vorgaben seines späteren Werks. Er benutzte allerdings die klassischen Beispiele nicht so sehr als Vorbilder, sondern eher zur Legitimierung seiner eigenen Erfindungen: Mit Hilfe der Etymologie verwandelte er die Pariser *Barrières* in *Propyläen* und erfand neue Begriffe und Namen: *Oikéma* für *Maison de Plaisir, Panaréthéon* für *Maison de Vertu, Pacifère* für *Maison de Paix.* Ähnliches gab es bei Rétif de la Bretonne und Fourier. Mit Hinweisen auf das klassische Altertum gab Ledoux ungewöhnlichen und nie dagewesenen Entwürfen den Anschein von Glaubwürdigkeit: Er nutzte die römische Armenfürsorge als Vorbild, um die organisierte Armenhilfe auf dem Marktplatz von Chaux zu rechtfertigen; er zitierte Plato, um eine beinahe schockierende Freizügigkeit der Sitten moralisch abzusichern; er suchte geeignete Allegorien zur Charakterisierung neuer Gebäudetypen; er ließ Maximen und Lebensregeln in die Wände von monumentalen Bauten einmeißeln, um die Bildung des Volkes zu fördern. Grundlage dieser lexikalischen Spielereien waren die ständig wiederholten stilistischen und rhetorischen Übungen während seiner Ausbildung; mehr als das, sie bildeten sogar den Ausgangspunkt für seine spätere Entwurfsmethodik. So erhebt er Gesetzmäßigkeiten im Umgang mit Sprache – Transposition, Zusammenfassung, Amplifikation, Bildhaftigkeit – gleichsam zu architektonischen Prozessen. Transposition ist für ihn das Mittel, um alltägliche Orte in eine ungewöhnliche Atmosphäre zu versetzen; die Landschaft der Franche-Comté zum Beispiel versetzt er einmal in die Atmosphäre konventioneller Beschreibungen der *campagna romana,* ein andermal in die poetische Aura Arkadiens. Amplifikation war eines seiner bevorzugten Stilmittel: Ledoux benutzte den Blick durch das Teleskop oder das Mikroskop, um kleine Dinge groß und große Dinge klein erscheinen zu lassen. Der Architekt, so argumentierte er, „sieht auch in dem kleinsten Objekt all das, für das sonst nur das größte empfänglich ist" (16–17). Doch seine Hauptbeschäftigung galt der Produktion von *Figuren,* „le style figuré" (16) wurde auf jedes Programm und auf jedes Thema angewandt, er erscheint nicht nur im Text der *Architecture,* sondern buchstäblich auch in den architektonischen Entwürfen, die wie rhetorische Zyklen aufgebaut sind. Allegorien

Nächste Doppelseite: Stich von Ledoux. Perspektive der Kirche von Chaux, Ausschnitt. (aus: *l'Architecture . . .*, Tafel 72).

und Embleme erscheinen als Basreliefs auf den Wänden, und in vielen Fällen wird die Form des Gebäudes zum *Tropus* seiner Funktion, die Zeichnungen sind wie dreidimensionale Illustrationen zu den *Tropes* von Du Marsais.[15]

[15] Vgl. George Snyders, *La Pédagogie en France aux XVIIe et XVIIIe siècles,* Paris 1965.

Diese ersten Stilübungen sicherten Ledoux schon in den zehn Jahren nach 1753 ein gewisses künstlerisches Renommé, in denen er, wie sein Freund und Biograph Jacques Cellerier erzählt, zuerst das Handwerk des Kupferstechers lernte. Er stach Kriegsszenen, um sich seinen Lebensunterhalt zu verdienen, später vervollkommnete er sich an der Ecole des Arts bei François Blondel. Die Ausbildung als Kupferstecher unterschied ihn von anderen „Künstler-Architekten" der gleichen Zeit – Boullée oder Charles de Wailly – und erklärt, warum Ledoux seine Platten immer und immer wieder verbesserte. Seinem Vorbild Piranesi folgend verzierte er, im selbstbewußten Wettstreit mit der *Encyclopédie,* seine Platten für die *Architecture,* die ein Gebäude analytisch in Schnitt, Grundriß und Aufriß zerlegen, am oberen Rand mit kleinen Vignetten, die das Gebäude in einer Perspektive zusammenfassen. Seiner Ausbildung mit der Nadel und nicht mit dem Pinsel verdankte er eine ganz persönliche Art der Linienführung, der Darstellung von Volumen, von Licht und Schatten.

Die Zeit der architektonischen Ausbildung bei Blondel – die sicher auch zeitweilige Anstellungen in den Ateliers von Pierre Contant d'Ivry und Louis-François Trouard umfaßte – war, trotz der späteren Zweifel an der pedantischen Entwurfslehre von *le professeur,* für Ledoux entscheidend. Sie vermittelte ihm zweierlei: einmal eine Einführung in die Architektur auf philosophischer Ebene durch den engagierten Mitverfasser der *Encyclopédie,* zum anderen eine klare Definition der Aufgaben des Architekten in der Gesellschaft, so wie sie Blondel in seinen Vorlesungen nach den Merkmalen *distribution et caractère, Verteilung* und *Charakter* vorgenommen hatte.[16]

[16] Vgl. Robin Middleton, „Jacques-François Blondel and the ‚Cours d'architecture'", in: *Journal of the Society of Architectural Historians,* XVII, December 1959.

In diesen Vorlesungen findet Ledoux eine Reihe von Schlüsselworten, die er, beinahe ein halbes Jahrhundert später, in der Einführung zur *Architecture* wiederholt. Einige stammen von Vitruv, in der Interpretation von Perrault: Sauberkeit, Ordnung, Symmetrie, Proportion, Angemessenheit, Schicklichkeit. Der Rationalismus des 17. Jahrhunderts hatte anderen eine besondere Bedeutung verliehen: Einheit, Strenge, Erkenntnis, Logik, Methode. Wieder andere kamen aus der klassischen Tradition, hatten aber durch den ästhetischen Enthusiasmus des 18. Jahrhunderts neue Kraft gewonnen: Charakter, Gegensatz, Variation. Einige formulierten sich aus dem wachsenden Bewußtsein für empirische Zwänge: Verteilung, Bedarf.[17] Das wichtigste Wort von allen war für Blondel und seine Schüler

[17] Für ein besseres Verständnis dieser Begriffe vgl. W. Szambien, *Symétrie, goût, caractère,* Paris 1986.

S P

Charakter. Unter dieser Kategorie diskutierte Blondel die Merkmale von Gebäudetypen, öffentliche und private, symbolische und praktische. Die berühmte Ermahnung Blondels, mit der er, in verschiedenen Versionen, sein *Programm* einführte, wurde von den Studenten auswendig gelernt:

„Für die verschiedenen Nutzungen, die der Architektur bedürfen, muß, bevor die Tätigkeit selbst im Gebäude sichtbar wird, ein bezeichnender Charakter gefunden werden, der ihre allgemeine Form bestimmt und das Gebäude als das deutlich macht, was es ist."[18]

[18] Jacques-François Blondel, *Cours d'architecture,* II, Paris 1771, S. 229.

Die Aufforderung zu einer klaren Charakterisierung, die die Generation Ledoux' in allen ihren Experimenten beherzigte, war keine leere akademische Formel. Sie entstand in einer Zeit, in der individuelle und soziale Ansprüche die ehemaligen „absoluten" Gegebenheiten ablösten und neue soziale und institutionelle Bedürfnisse den Architekten dazu zwangen, bisher unbekannte Gebäudetypen zu entwickeln. Blondel stützte sich dabei auf eine allgemeine Theorie der Charakterisierung, die in der Naturgeschichte von Buffon und Linné entwickelt worden war und die die Forschungen der Linguisten nach Ursprung und Entwicklung der Zeichen ebenso bestimmte wie die Betonung von Gestus und Ausdruck im Theater und in der Malerei.[19] In der Architektur wie in den Wissenschaften verlangte die Maxime der Charakterisierung zweierlei: den angemessenen Ausdruck – das charakteristische Zeichen – und eine Analyse der Organisation, der Verteilung – die charakteristische Struktur. Zwischen beiden liegt, in der Definition von Michel Foucault: „die Theorie der Merkmale und die Theorie des Organismus"[20]. Ledoux sah seine Aufgabe darin, die eventuell zerstörerische Teilung der Architektur in Nutzung und Repräsentation zu überwinden und die Architektur zu einem sprechenden Zeichen ihres eigenen Zwecks zu machen.

[19] Vgl. Anthony Vidler, „The Idea of Type; Transformations in the Academic Ideal, 1750–1830", *Oppositions 8,* 1977.

[20] Michel Foucault, *Die Ordnung der Dinge,* Frankfurt 1971.

Dieser Widerspruch war schon zuvor, wenn auch ein wenig plump, von d'Alembert in seinem Vorwort zur *Encyclopédie* formuliert worden. Er nennt dort, in einer täuschend einfachen Formulierung, die Architektur „jene Kunst, geboren aus der Notwendigkeit und verfeinert durch Luxus (...), die Stück um Stück vorangekommen ist von der Strohhütte zum Palast (...), und die, in den Augen des Philosophen, wenn man so sagen darf, nichts anderes ist als die schöne Maske für eine unserer bittersten Notwendigkeiten"[21]. Während der Gedanke einer graduellen Evolution der Architektur von der Hütte zum Palast in der klassischen Theorie nicht unbekannt war, war der Gedanke von der „schönen Maske" neu – und erhält besondere Bedeutung in der Formulierung durch einen Denker wie d'Alembert, der eigentlich jede Art von Heuchelei verabscheut. Die Ächtung von „Masken" in der *Encyclopédie,* als Teil einer philosophischen

[21] J. L. d'Alembert, *Einleitung zur Enzyklopädie* (1751), Hamburg 1955, S. 67.

Kampagne gegen Aberglaube und Irrtum, wird in der Zeichnung Cochins auf der Titelseite besonders deutlich: sie zeigt die Göttin der Wahrheit im Augenblick ihrer Enthüllung durch die Vernunft. Rousseau hatte vor den moralischen Konsequenzen gewarnt, die eine Gesellschaft tragen müßte, in der sich jeder jedweder Maske bedienen könne, und hatte sehnsuchtsvoll jene Zeiten zurückbeschworen, in denen sich jeder neu auf den ersten Blick als er selbst zu erkennen gab. Diderot hatte die „Wahrheit" in der Malerei als „den genauen Ausdruck des Charakters einer Sache" definiert und ein Theater der ehrlichen Leidenschaften gefordert.[22] In diesem Zusammenhang erscheint die Definition d'Alemberts seltsam: Architektur als die Kunst, das Notwendige zu verschönern, wäre nichts als eine Maske und deshalb gegründet auf falsche, wenn nicht gar unmoralische Prinzipien. Die Frage wurde lange Zeit erörtert. Pierre Patte wandte sich Jahre später direkt an d'Alembert und schlug ihm *Verteilung* – im Sinne einer Ordnung der Funktionen – als Merkmal von Architektur vor; andere, wie Abbé Laugier, versuchten Architektur auf den Grundbegriff einer strukturellen Integrität zurückzuführen; andere wiederum wollten Architektur als eine Sammlung von Formen sehen, deren jede eine unzweifelhafte Bedeutung besitzen sollte.[23] Ledoux, voller Sehnsucht nach den primitiven Ursprüngen wie Rousseau und deshalb empfänglich für seine Warnungen, versuchte auf der einen Seite die Unterschiede zwischen Hütte und Palast aufzuheben, indem er der Hütte den Rang der Architektur zuerkannte, und versuchte andrerseits, ein Repertoire von *charakteristischen Zeichen* zu entwickeln, das der „Wahrheit in der Architektur" dienen sollte.

[22] Vgl. Denis Diderot, *Salon de 1765,* Paris: Hermann 1984, S. 319; Jean-Jacques Rousseau, „Abhandlung über die Wissenschaften und Künste", in: *Schriften I,* München 1978; Artikel „Vérité", in: Encyclopédie, XVII, zitiert in: *Diderot,* ebd., S. 364.

[23] Pierre Patte, *Monuments érigés en France à la gloire de Louis XV,* Paris 1764; Marc-Antoine Laugier, *Essai sur l'architecture,* Paris 1753.

2. Embleme des Adels

Linke Seite: Vertäfelung mit Wappenschmuck aus dem Café Militaire, Paris, Musée Carnavalet.

„Wenn ich vom Adel spreche, suche ich jene unverlierbaren Kräfte, die das Volk der Caesaren auf die Helden dieses Landes übertragen hat, jene Kräfte, die der Lauf der Zeit nicht auslöschen kann." (212)

Bei aller Sympathie für die Enzyklopädisten, was ihre ästhetischen Ideale und ihre Ansichten zur Reform von Landwirtschaft und Industrie betraf, machte sich Ledoux niemals die radikaleren politischen Konsequenzen ihrer Philosophie zu eigen. Er ist niemals Republikaner gewesen, weder in seiner gebauten Architektur noch in seinen utopischen Träumen. Trotz seiner niederen Herkunft hat er niemals beabsichtigt, die bestehende Gesellschaftshierarchie durch eine an persönlichen Fähigkeiten orientierte Ordnung zu ersetzen, wie sie Saint-Simon später vorschlug. Ledoux' Idealstaat hätte das Ancien Régime mit seinen Adelskasten und seinen drei Ständen, seinen Korporationen und Institutionen, seinen *parlements* – als politischen Kontrollorganen der Privilegierten – und seiner Monarchie weitgehend unangetastet gelassen. Nur eines wollte Ledoux verändern, ganz in Übereinstimmung mit seinen ästhetischen Zielen: jedes Mitglied der Gesellschaft, vom Bauern bis zum Prinzen, sollte zum Verständnis von Architektur befähigt werden, so wie es seinem Charakter oder seiner jeweiligen Position entsprach. Diese Positionsbestimmung wiederum habe nach dem mächtigen Gesetz des Ursprungs zu erfolgen, das jeden Beruf, jedes Amt, jeden Stand auf seine natürlich vorgegebene Kompetenz und Gestalt zurückführt.

Der Gedanke, selbst in den Adelsstand erhoben zu werden, war Ledoux nicht fremd, und sein früh entwickeltes Gefallen an Waffentaten, Rittergeschichten und altehrwürdigem Wappenschmuck traf genau den Geschmack seiner ersten Auftraggeber, meist jüngerer Mitglieder des Amts- und Schwertadels, die sehr darauf bedacht waren, Wert und Würde ihrer Titel unter Beweis zu stellen. Unter ihnen herrschte, in den Worten von François Furet, „eine Art wetteifernde Schürferei, ein genealogisches Fieber, das ein Zeitgenosse ‚titromanie', d. h. Titelsüchtigkeit nannte"[24]. So führten der Marquis de Montesquiou, der Prince de Bauffremont und ein weiterer von Ledoux' Gönnern, der Prince de Montmorency, ihr Geschlecht bis auf Clodwig zurück; bei ihnen verbanden sich ein neues Interesse an der Geschichte Frankreichs mit dem festen Glauben an die legitimierende Wirkung ihres Ursprungs, den sie einer zunehmenden Käuflichkeit von Adelstiteln entgegenhielten.

[24] F. Furet, D. Richet, *Die Französische Revolution*, München 1980.

Der erste freie Auftrag für Ledoux war das Café Godeau oder „Café Militaire" von 1762. Im vorletzten Jahr des Siebenjährigen Krieges führte er hier einer mondänen Klientel aus Veteranen und Offizieren seine Neigung zum Aristokratischen elegant vor Augen. Der *Salle de Café,* der später im Musée Carnavalet wieder aufgebaut wurde, geriet zu einer mustergültigen Illustration seiner klassischen Bildung: eine fiktive Welt, gestaltet vielleicht in Anlehnung an Caesars *Kommentare,* dient als Hintergrund für das gesellschaftliche Leben der Offiziere. In seiner hier zum letzten Mal lobenden Kritik schrieb Elie Fréron, Ledoux habe sich vorgestellt, „daß Solda-

Ledoux' Dekorationen für das Hôtel d'Uzès. Die Türen wurden von J. B. Boiston nach Vorlagen von Joseph Métivier gefertigt. Paris, Musée Carnavalet.

ten, aus der Schlacht an einen ruhigen Ort kommend, ihre Lanzen zusammenstellen, sie mit Siegeskränzen umwinden und mit ihren Helmen schmückend bekrönen; aus diesem Bild entstanden zwölf Siegessäulen, die die ganze Weite des Saales beherrschen und von der Magie der Spiegel bis ins Unendliche vervielfacht werden»[25]. Dieses Dekor zeigt schon viele der späteren Vorlieben von Ledoux: seinen Erfindungsreichtum, den er durch eine erzählte Geschichte absicherte; eine Idealisierung der zeitgenössischen Gesellschaftlichkeit durch Referenzen an antike Vorbilder; die Verwendung von Emblemen, die, erhaben auf glatten Oberflächen, deutlich hervortreten; ein Spiel mit Gegensätzen und einfachen Formen; die Suggestion von Unendlichkeit und schließlich das Bemühen um eine Rückkehr zu den Ursprüngen.[26] Im Gegensatz zu dem strukturellen Vorgehen von Laugier, der Architektur ausschließlich aus ihren drei wichtigsten Elementen: Säule, Architrav und Giebel zusammensetzt, entwirft Ledoux eine Architektur, die sich auf die Grundlagen des Erzählerischen und des Gesellschaftlichen stützt. Dieser einfache Raum, den nichts schmückt außer den Symbolen vom Soldatenleben, ist wie ein Modell für das Utopia, das Ledoux sich vorstellt. Er möchte mit den Mitteln einer *rhétorique restreinte,* einer ausgewählten Rhetorik, seine Entwürfe aus dem Reichtum der schmückenden Motive, die er aus der Antike bezieht, und der Armut sonst kahler Wände entstehen lassen.

[25] *Année littéraire,* VI, 1762, S. 282.

[26] Ledoux' Café Militaire könnte man mit jenem Café vergleichen, das Piranesi drei Jahre später in Rom entworfen hat. Im Café degli Inglesi war die Ausstattung ausschließlich historistisch, und die Wände des Salons trugen ein ägyptisches Panorama.

In den ersten zehn Jahren seiner Laufbahn arbeitete Ledoux häufig mit dieser Verbindung von Adelssymbolik und einem elementaren Klassizismus. Seine Auftraggeber, einander durch Heiraten oder Freundschaften verbunden, waren empfänglich für den fein gearbeiteten Wappenschmuck, ihre in Stein verewigten Stammbäume und die einfach, aber elegant gestalteten Salons.[27] Trophäen, Triumphbögen, freistehende monumentale Säulen, der Antike nachempfundene Torsi, Symbole des Militärs und der Seefahrt, Statuen mythischer Ahnen, mit all dem schmückte Ledoux seine Häuser für die Generalpächter, die Mitglieder der *parlements* und die Schwert- und Amtsadligen in den Städten und auf dem Land. Die besten Beispiele aus dieser Zeit sind das Portal des Hôtel d'Uzès und die Statuen der acht Feldherren in Montmorency. Im Inneren gestaltete Ledoux die *Salons de Compagnie* nach dem Vorbild seines Café Militaire, Gesellschaftsräume, deren exquisite Wandverkleidungen vergoldete Basreliefs trugen. Für die Täfelungen im Hôtel d'Uzès, die von Joseph Métivier ausgeführt wurden, griff Ledoux auf den allegorischen Schmuck des Cafés zurück: er schuf die Illusion eines goldenen Waldes aus unmittelbar am Boden ansetzenden Bäumen, die mit Emblemen der Künste und des Krieges behängt waren. Den Salon im Hôtel Montmorency, ebenfalls von Métivier ausgeführt, schmückten Musen, Amorfiguren und Vasen. Auf die engen Verbindungen der Familie Montmorency zur Freimaurerei

[27] Michel Gallet, „La jeunesse de Ledoux", in: *Gazette des Beaux-Arts,* Februar 1970; und „Ledoux et sa clientèle parisienne", in: *Bulletin de la Société de l'histoire de Paris 1974–5,* 1976.

Hôtel d'Hallwyl.
Linke Seite oben: Tympanon über dem Straßeneingang.
Unten: Brunnen im zweiten Hof.
Rechte Seite: Ansicht zur rue Michel-le-Comte und Schnitt (aus: *l'Architecture...*, Tafel 231).

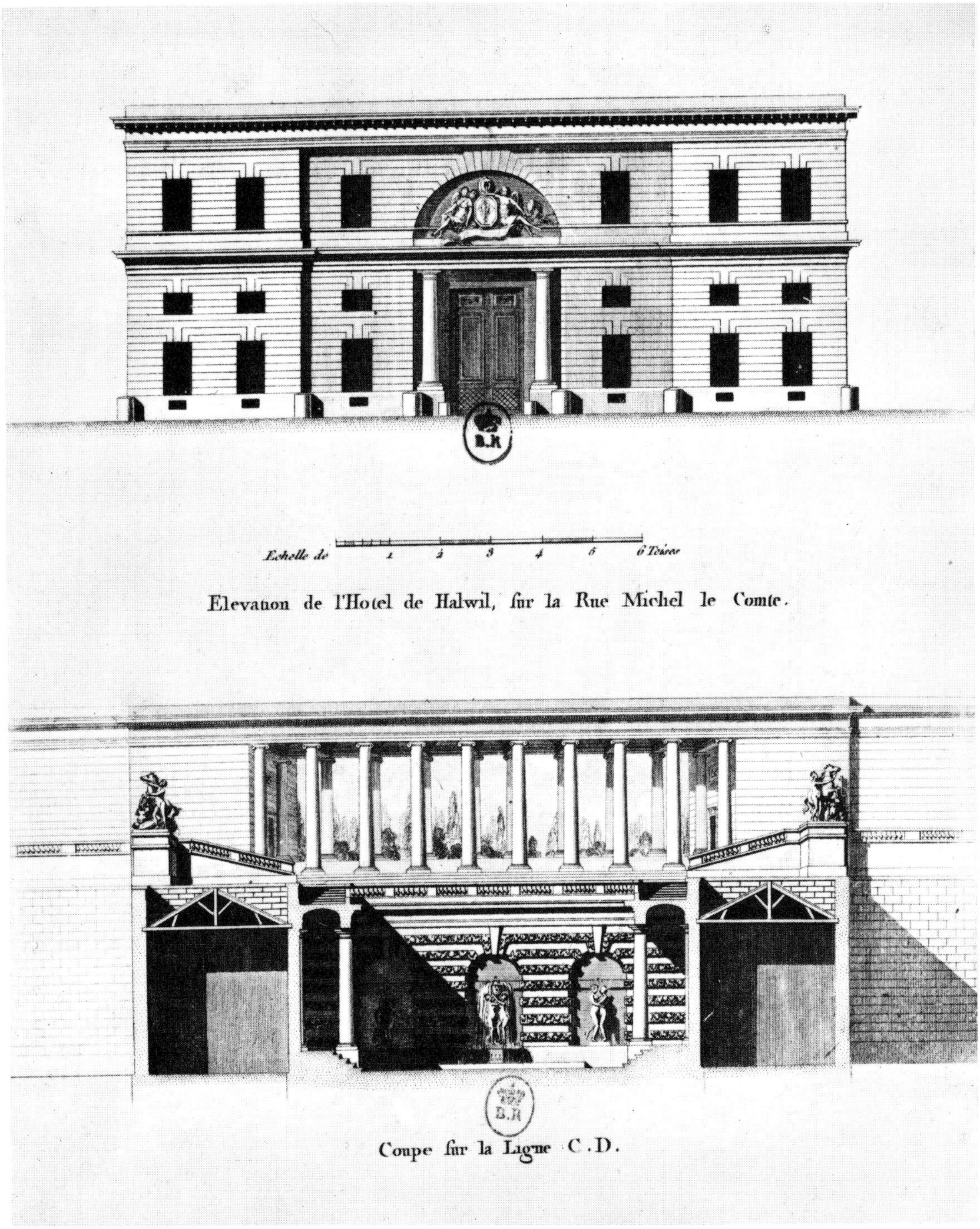

deuteten zahlreiche Kompasse, Quadrate, Vasen, Globen und Attribute Merkurs.

Stilistisch verbanden diese ersten *Hôtels* – Stadtpaläste – einen Rückgriff auf den französischen Klassizismus mit einer vereinfachten Form palladianischer Grundrisse. Der Klassizismus zeigt sich beispielhaft in der rückwärtigen Wand des Innenhofs vom Hôtel d'Hallwyl: ihre dekorative Ordnung ist ein direktes Zitat der Fontaine de Medicis. Am Vorbild der Villa Rotonda orientierte sich der Pavillon Hocquart: mit seinem zentralen kreisförmigen Speisesaal mit Kuppel und Oberlicht, seinem annähernd quadratischen Grundriß und seinen mit Pedimenten versehenen ionischen Portalen. Im Hôtel Montmorency, das auch auf einem quadratischen Grundriß aufbaut, versetzte Ledoux die Abfolge von Eingangsräumen und Haupttreppe entlang einer Diagonalen, um der Ecksituation gerecht zu werden. Auf dem Lande konnte Ledoux diesen „englischen" Stil auch auf Gelände, Nebengebäude und Gärten von großen Besitzungen übertragen. Vor allem in Maupertuis ließ er seiner Vorliebe für das Pittoreske, das er ebenfalls aus englischen Vorbildern gelernt hatte, freien Lauf.[28] Für den Marquis de Montesquiou verschönerte er hier nicht nur das Familienschloß mit ionischen Kolonnaden, sondern er entwarf ihm auch die Orangerie, eine Fasanerie als kleinen, im Wald gelegenen Tempel, einen Pavillon für die Aufseher im landwirtschaftlich genutzten Teil, die Gartenanlage und zahlreiche Nebengebäude.[29] Am Eingang vervollständigte ein Brunnen, im ländlichen Stil aus dem Naturstein dieser Region gebaut, die Komposition dieses Anwesens. Hier sollte Ledoux vielen einflußreichen Bauherrn, auch zeitgenössischen Künstlern und Schriftstellern begegnen, unter ihnen Hubert Robert, dem Abbé Delille und Brongniart; sie alle führte ihr gemeinsames Interesse an landwirtschaftlichen Reformen, am Theater und an der Freimaurerei zusammen.[30]

Seinen Ruf eines Architekten auf der Höhe der Zeit festigte Ledoux endgültig im Jahre 1770, dank zweier Aufträge, in deren Hintergrund die Öffentlichkeit stets die beiden berühmten Gönnerinnen sah, zwei der bekanntesten Kurtisanen jener Zeit. Für Mademoiselle Guimard, Primaballerina an der *Opéra,* baute Ledoux ein Hôtel in dem schnell wachsenden Quartier um die Chaussée d'Antin und fügte jenes Privattheater für intime Aufführungen hinzu, dessen delikat skandalösen Ruf Edmond de Goncourt mehr als hundert Jahre später so sehr genoß.[31] Für Madame Dubarry, die gerade zur Maitresse Ludwig XV. aufgestiegen war, baute Ledoux ein *Palais-Boudoir,* wie Goncourt es nannte, im Park von Louveciennes.[32] Doch dem voyeuristischen Rückblick des späten 19. Jahrhunderts blieb die architektonische Bedeutung dieser Pavillons eher verborgen: sie zeigten Ledoux' Gabe, eine theaterhaft anmutende Verbindung

[28] Vgl. C. Rivière, *Un village de Brie au XVIIIe siècle: Maupertuis,* Paris 1939.

[29] Zusammengefaßt in einem Brief von Ledoux an die Académie d'architecture, November 1767, *Archives de l'Institut, B. 21.*

[30] Der Kreis um Montesquiou ist festgehalten in: Madame Vigée-Lebrun, *Souveniers,* I, S. 106.

[31] Edmond de Goncourt, *La Guimard,* Paris 1893.

[32] *La du Barry,* Paris 1878.

Oben: Haus der Mlle Guimard, Ansicht (aus: *l'Architecture...*, Tafel 249).
Unten: Pavillon in Louveciennes, Gartenseite (aus: *l'Architecture...*, Tafel 335).

zwischen den dekorativen Künsten und der Architektur schaffen zu können; darüber hinaus bot das Théâtre Guimard eine erste Gelegenheit, in der Geometrie des großen Saals die vielfältigen Beziehungen zu erproben, die im Theaterraum zwischen Publikum und Bühne herrschen. Dazu war es bei beiden Pavillons gelungen, die individuell geschnittenen Eingangsräume in meisterhaft arrangierter Abfolge innerhalb der einfachen kubischen Gebäudehüllen anzuordnen.

Diese Aufträge führten Ledoux mit einer großen Zahl von Mäzenen zusammen. Bei den Privatvorstellungen im Théâtre Guimard begegnete er dem Duc de Chartres, dem späteren Bauherrn eines seiner Zollhäuser; aber auch Friedrich II., Landgraf von Hessen-Kassel, der ihn 1776 zu sich nach Kassel kommen ließ, und Joseph II., dem Bruder von Marie-Antoinette und späteren Subskribenten der *Architecture.* In Louveciennes gewährte Ludwig XV. Ledoux eine Privataudienz und bedeutete ihm seine Befriedigung ob der Proportionierung der Säulen. Als Lieblingsarchitekt der Dubarry profitierte Ledoux außerdem noch von einer Kulturpolitik, die es sich zum Ziel gesetzt hatte, Madame de Pompadours bestimmenden Einfluß auf die Künste einzuengen. Nach einer erfolglosen Kandidatur von 1767 wählte man Ledoux 1773 in die *Académie,* kurz bevor Marigny aus der *Direction des Bâtiments du Roi* abgesetzt und durch den opportunistischen Minister der Finanzen, Abbé Terray, ersetzt wurde. Ein Kritiker kommentierte verachtungsvoll: „*Monsieur le Directeur des Bâtiments* hatte an die Gesellschaft (der Académie) geschrieben, daß Madame Dubarry wünsche, daß Ledoux gewählt werde, und er wurde gewählt."[33] Aber auch die Dubarry selbst bedachte Ledoux mit weiteren Aufträgen: für den Bau ihres Hôtel des Equipages in Versailles, bei der Planung großer Paläste in Louveciennes und Paris und, nachdem sie 1774 in die Provinz emigrieren mußte, mit dem Entwurf für ein bescheideneres Schloß in Saint-Vrain bei Arpajon.

[33] J. B. L. Coquereau, *Mémoires de l'abbé Terray,* I, Paris 1776, S. 271.

3. Erste öffentliche Aufgaben

Nächste Doppelseite:
Links: Die Kirche Saint-Barthélemy in Cruzy-le-Châtel, Yonne.
Rechts oben: Das Motiv der Urne mit den fallenden Wassertropfen aus der Saline von Salin nimmt das Motiv aus der Saline von Arc-et-Senans wieder auf.
Rechts unten: Die Brücke von Marac, Haute-Marne.

„In jenen Zeiten bauten die Architekten Brücken." (45)

Während dieser zehn Jahre, das hat die minutiöse Forschung von Gallet gezeigt, arbeitete Ledoux auch für den *Service des Eaux et Forêts,* die staatliche Forstbehörde. Er fertigte Entwürfe für eine ganze Reihe kleinerer Projekte in den ländlichen Gebieten der späteren Départements Haute-Marne, Haute-Saône, Yonne und Aube: darunter waren Instandsetzungen von Pfarrhäusern, Kirchen und Sakristeien, von Schulen und Friedhöfen, auch das Befestigen bestimmter Landstraßen und die Anlage von Wasserstellen, Brunnen und Tränken, schließlich der Bau einiger einfacher Brücken über Bäche und kleinere Flüsse.[34] Dieses Repertoire von bescheidenen ländlichen Arbeiten läßt in seiner Spannweite und seinen Stilformen schon Ledoux' spätere Projekte für eine umfassende *Architecture rurale* erkennen, und er kommt auf diese Weise früh mit dem Ingenieurstab der *Pont et Chaussées,* der Straßen- und Wasserbauverwaltung, in Verbindung. Schon bei seinem ersten Kirchenumbau in Rolampont führt Ledoux seine wichtigsten Stilelemente ein: ein großes Hauptschiff und Seitenschiffe, mit gedrückten Bogen, getragen von quadratischen Wandpfeilern mit Konsolen, die als dorische Triglyphen gearbeitet sind; ein Portal mit Giebel und einer einzigen, von einem Rundbogen überspannten Tür in einer Fassade aus behauenem Stein; ein quadratischer Glockenturm mit Seitenpilastern, gekrönt von einer für die Franche-Comté typischen glockenförmig geschnittenen kleinen Kuppel. Die schönste seiner Kirchen steht in Cruzy-le-Châtel: Die Schiffe werden getragen von halbkreisförmigen Bögen auf quadratischen Wandpfeilern, wiederum in einem vereinfachten dorischen Stil, während der Portikus, flankiert von doppelten dorischen Pilastern, durch einen stark herausgearbeiteten Giebel mit Triglyphen und Metopen bekrönt wird.

[34] Michel Gallet, „La jeunesse de Ledoux", op. cit.

Auch an den Brücken bildete Ledoux seinen „öffentlichen Stil" weiter aus; besonders die beiden bei Rolampont und Marac sind Beispiele für jene erneuerte Ingenieurästhetik, die Perronet in den *Ponts et Chaussées* lehrte.[35] Mit ihren flachen Bögen weisen sie nicht nur die Grundzüge der späteren Brückenkonstruktionen von Ledoux auf – wie die zugleich als Tränke dienende Brücke bei der Landwirtschaftsschule von Meilland –; sie zeigen auch seinen bevorzugten Standpunkt bei der Betrachtung von Bauten: „Architektur unter einer Brücke hindurch gesehen". Dieses Motiv wurde von vielen Piranesi-Schülern wieder aufgegriffen, besonders von Hubert Robert.[36] Ledoux war sich der ästhetischen Bedeutung dieser einfachen technischen Konstruktionen sehr bewußt; er schrieb: „Die wichtigste Schönheit einer Brücke liegt in der Reinheit der Linien." Dabei vernachlässigte er keineswegs die funktionellen Probleme, besonders das Problem der Erosion der Pfeiler, wie es Perronet untersucht hatte.

[35] Vgl. Bruno Fortier, „La nascità dell'Ecole des Ponts et Chaussées", I und II. *Casabella,* Oktober–November 1983, S. 495–496.

[36] Johannes Langner, „La Vue par-dessous le pont", *Actes du colloque Piranèse et les Français, Rome 1978.*

Bei diesen ländlichen Arbeiten in der Provinz sammelte Ledoux viele Erfahrungen, die ihm später eine Karriere ermöglichten, die weit über die

Oben: Die Holzvertäfelungen im Café Militaire. Paris, Musée Carnavalet.
Unten: Rekonstruktion des Salons aus dem Hôtel d'Uzès. Paris, Musée Carnavalet.

üblichen Arbeitsmöglichkeiten eines Architekten der feinen Gesellschaft hinausging: die Umgestaltung und Pflege von Wäldern, die sozialen Bedingungen der Landbevölkerung, die Fortentwicklung des Land- und Wassertransports und Techniken des Ingenieurbaus waren Themen, die, in Verbindung mit seinem Interesse an einer Modernisierung der Landwirtschaft und der Förderung ländlicher Industrien, einen zentralen Platz in seiner Architekturtheorie und Entwurfspraxis einnahmen.

Privates Mäzenatentum und Bauen für die Öffentlichkeit, diese beiden Linien in der Karriere von Ledoux liefen gegen Ende 1771 zusammen, drei Wochen nach dem Einweihungsfest für Louveciennes. Wohl auf Empfehlung der Dubarry, aber auch dank seiner Erfahrungen bei den *Eaux et Forêts,* wurde Ledoux zum *commissaire des salines* für die Franche-Comté, Lothringen und die Trois-Evêchés ernannt – eine neu geschaffene, Perronet als dem *inspecteur des salines* zugeordnete Position.[37] So wurde Ledoux in jenes Corps der Inspektoren für die Industrie aufgenommen, das von Colbert geschaffen und von Daniel Trudaine um 1750 ausgebaut worden war; es sollte Qualität und Arbeitsweise der Manufakturen kontrollieren und, wo nötig, Baumaßnahmen vorschlagen. Jeder andere Architekt hätte diese Position möglicherweise als ein müheloses, einträgliches Amt angesehen. Doch Ledoux nahm die Aufgabe ernst, und im Verlauf von drei Jahren hatte er das Amt in eine Kommission zum Bau einer neuen Saline verwandelt, der Saline von Chaux in der Franche-Comté. Er gewann dafür zwei verläßliche Gönner: Trudaine de Montigny, umfassend gebildeter Philosoph und Handelsverwalter, und Haudry de Soucy, Musikliebhaber und *directeur des salines* bei der Generalpacht, der die Salinen unterstanden. Mit ihrer Hilfe errichtete Ledoux von 1773 bis 1778 die schönste Modellanlage einer Manufakturansiedlung im Ancien Régime.[38]

[37] Arrêt du conseil, Versailles, 20. September 1771, unterzeichnet von Maupeou, Terray. Archives nationales, E 2474.

[38] Trudaine de Montigny, der Sohn von Daniel Trudaine (Freund von Perronet und Intendant der Straßen- und Wasserverwaltung *Ponts et Chaussées*) war ein Freund Diderots, Übersetzer von Lessing und Freund von Turgot. Haudry de Soucy, Generalsteuerpächter, war ein Freund von Trudaine und der Familie Thélusson, der er Ledoux im Jahre 1778 empfahl.

Unten: *Portrait de Marie-Madeleine Guimard* von Jean-Honoré Fragonard. Paris, Musée du Louvre.
Rechts oben: Eingangsportal der Saline von Chaux.
Rechts unten: Château de Bénouville, Gartenseite.
Nächste Doppelseite:
Links: Die Kirche Saint-Pierre-aux-Liens in Rolampont, Haute-Marne.
Rechts oben: Die Brücke von Prégibert nahe Rolampont.
Unten links: Fassade des Salzspeichers von Compiègne, eine seiner späten Arbeiten (um 1775–1780).
Unten rechts: Die Kirche Saint-Didier in Roche, Haute-Saône.

Einige der *barrières* von Paris. Die Vignetten oben sind aus Tafel 10 der *Edifices de la Ville de Paris,* gestochen von Gaitte. Unten: Das *Bureau de Reuilly,* Aquarell von Palaiseau. Paris, Musée Carnavalet.

Barriere de la Rue Royale.

Barriere des Vertus.

Barriere des Martyrs

Portrait de Claude-Nicolas Ledoux von Marguerite Gérard. Paris, Musée Cognacq-Jay.

4. Die Architektur der Produktion

„Es ist der Architekt, der die Übersicht behalten muß; er kann die Möglichkeiten der Industrie voll ausschöpfen, er kann mit den Produkten haushalten, er kann kostspielige Reparaturen vermeiden, er kann das, was da ist, vermehren durch Mittel, die ihm seine Kunst in reichem Maße zur Verfügung stellt." (122)

Die Salzbergwerke in Lothringen und in der Franche-Comté, mit deren Aufsicht man Ledoux 1771 betraute, waren zum größten Teil ältere Gründungen; von den Tagen der Römer an hatten sie Salz hergestellt nach dem einfachen Verfahren der Verdunstung. Sie nutzten dabei das salzhaltige Wasser unter dem Jura und den unteren Alpen und kristallisierten es in großen eisernen Tiegeln, die über Holzfeuer gehängt waren.[39] Das so gewonnene Salz wurde getrocknet, verpackt und verkauft, seit etwa 1680 von der *Ferme générale* – der Generalpacht –, und unterlag, außer in den Gegenden, in denen es produziert wurde, einer hohen Salzsteuer – *gabelle.* Rund um die größeren Salinen wie Dieuze, Rosières, Château-Salins und Salins waren selbständige Dörfer entstanden, mit Pumpen, Brunnen, Wasserreservoirs, Solbehältern, Öfen, Lagerhäusern, Schmieden, Zimmereien, Böttchereien und Bäckereien, mit Verwaltungen und Wohnungen für die Verwalter, die Kontrolleure und die Arbeiter, mit Kapellen, Gefängnissen und Stadttoren. Die Dörfer waren von Mauern und Gräben umgeben, um ihre Produkte vor Dieben und Betrügern zu schützen.

Ledoux, der noch vor 1773 eine Inspektionsreise unternommen haben muß, war eher negativ beeindruckt von der verstreuten Anlage der Salinen, von ihrem schlechten baulichen Zustand und den oft provisorischen Konstruktionen, die „nichts waren als ein Haufen schlecht zusammenpassender Bauteile, (...) aus miserablen Materialien willkürlich zusammengeflickt" (36). Nur wenige arbeiteten wirklich produktiv, viele stellten Salz von zweifelhafter Qualität her, keine war auf eine Erweiterung hin geplant. Vor allem die Anlage in Salins war gezwungen, einen großen Teil des weniger salzhaltigen Wassers ungenutzt wegzuschütten, weil es an Brennmaterial fehlte, obwohl, wie die Aufzeichnungen der *Ferme générale* ergaben, das Holz schon vier Meilen weit herantransportiert wurde. Ledoux, der ältere Studien und Entwürfe für Salinen ausgewertet hatte, die in der Nähe von Brennmaterialien angesiedelt waren, schlug vor, ein Salzbergwerk in der Nähe des Waldes von Chaux zu bauen, zu dem das überflüssige Wasser von Salins über ein Äquadukt geleitet werden sollte: „es ist einfacher, das Wasser auf Reisen zu schicken, als einen Wald Stück um Stück durch die Gegend zu fahren" (38). Das Projekt wurde von Ludwig XV. im April 1773 angenommen und verordnet und durch einen Vertrag mit dem Unternehmer Jean Roux Monclar ein Jahr später ratifiziert. Nachdem Ledoux zwei Entwürfe für die Anlage gezeichnet hatte, wurde im April 1775 der Grundstein gelegt.[40] Die Bauarbeiten dauerten über drei Jahre. Sie umfaßten nicht nur das Salzbergwerk selbst, sondern auch den hölzernen Aquädukt von Salins, der aus zwei offenen, ausgehöhlten Tannenstämmen bestand, und das Gradierhaus, eine offene Holzkonstruktion, durch die das Salzwasser geführt wurde, damit es schon auf dem Weg zu den Öfen teilweise verdunsten konnte.[41]

[39] Vgl. den Artikel „Salines" in: *l'Encyclopédie,* XIV, 1765; Pierre Boyé, *Les Salines et le sel en Lorraine au XVIIIe siècle,* Nancy 1901; Guy Nicot, „Les salines d'Arc-et-Senans", in: *Monuments historiques de la France,* 1978.

[40] Archives départementales du Jura, C 406; abbé Lédontal, *Arc-et-Senans à travers les âges,* Besançcon 1927.

[41] Vgl. P. Lacroix, *La Saline d'Arc-et-Senans et les techniques de canalisation en bois,* Lons-le-Saunier 1970.

Unten: Römisches Theater, Tafel XLII aus Vitruvs *Zehn Bücher der Architektur,* in der Ausgabe von Perrault, 1684.
Rechts oben: Erster Plan der Saline, nicht ausgeführt (aus: *l'Architecture...,* Tafel 12).
Rechts unten: Tabakfabrik in Morlaix, von Jacques-François Blondel.

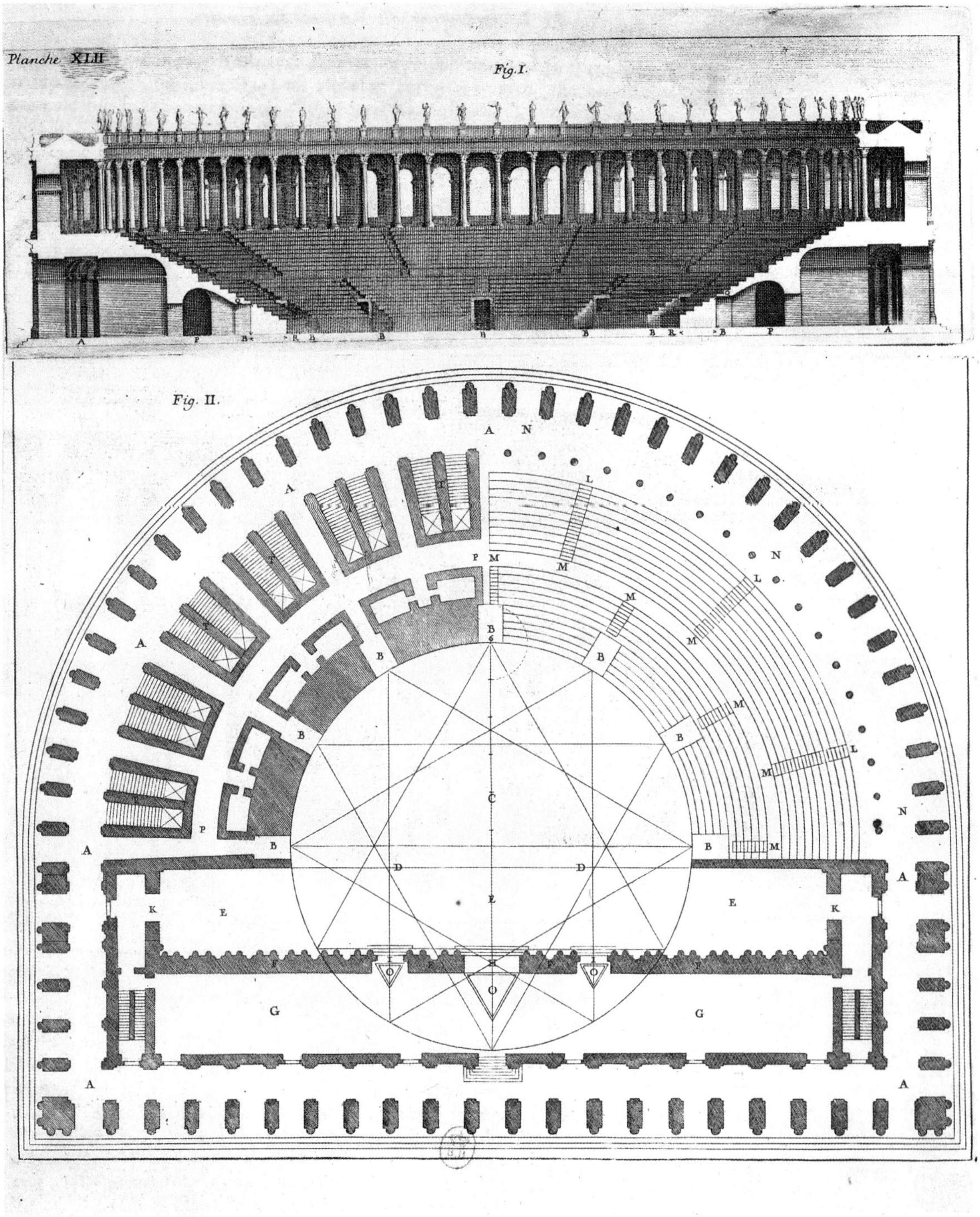

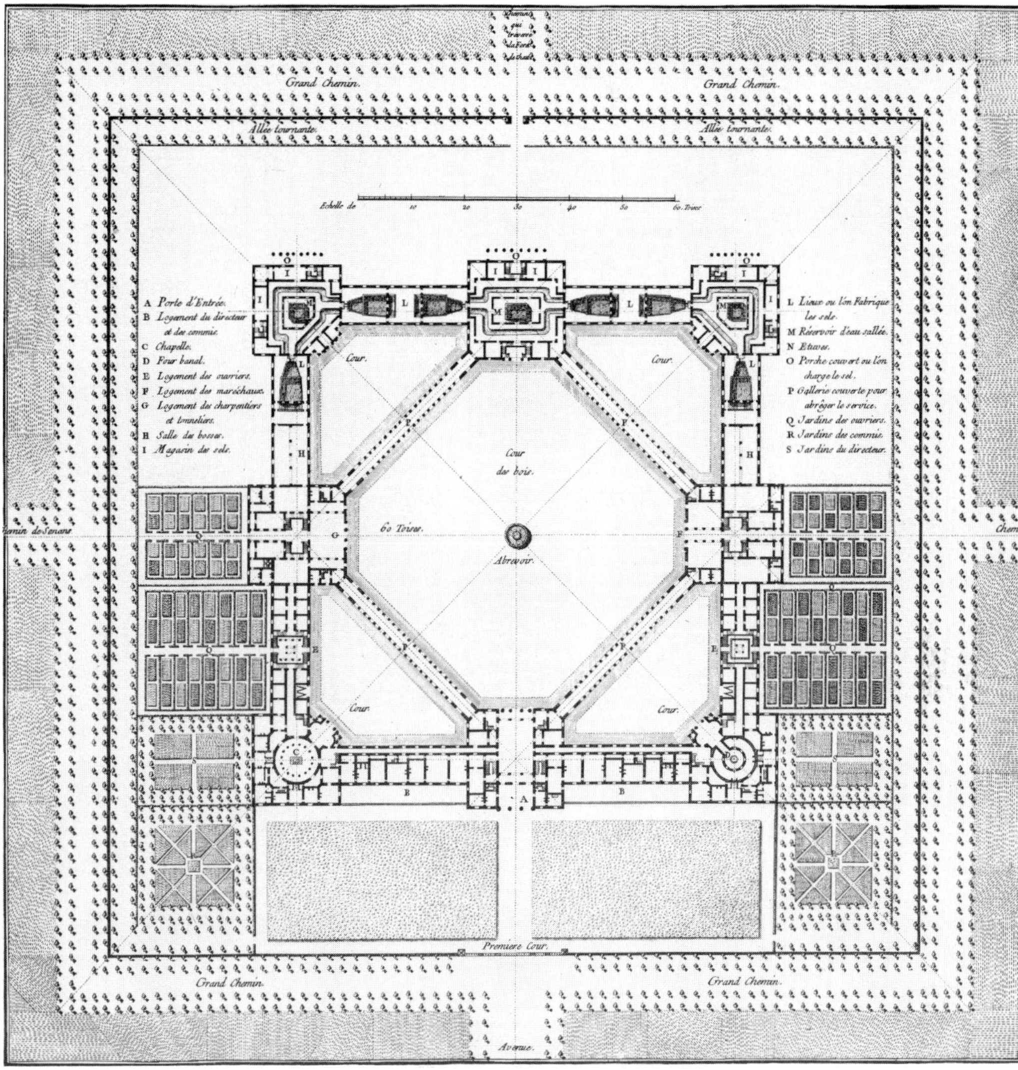
Grand Chemin.
Grand Chemin.
Allée tournante.
Allée tournante.
Echelle de 10 20 30 40 50 60 Toises
A Porte d'Entrée.
B Logement du directeur et des commis.
C Chapelle.
D Four banal.
E Logement des ouvriers.
F Logement des maréchaux.
G Logement des charpentiers et tonneliers.
H Salle des bosses.
I Magasin des sels.
L Lieux où l'on Fabrique les sels.
M Réservoir d'eau sallée.
N Etuves.
O Porche couvert où l'on charge le sel.
P Gallerie couverte pour abréger le service.
Q Jardins des ouvriers.
R Jardins des commis.
S Jardins du directeur.
Cour.
Cour.
Cour des bois.
60 Toises.
Abreuvoir.
Cour.
Cour.
Premiere Cour.
Grand Chemin.
Grand Chemin.
Avenue.

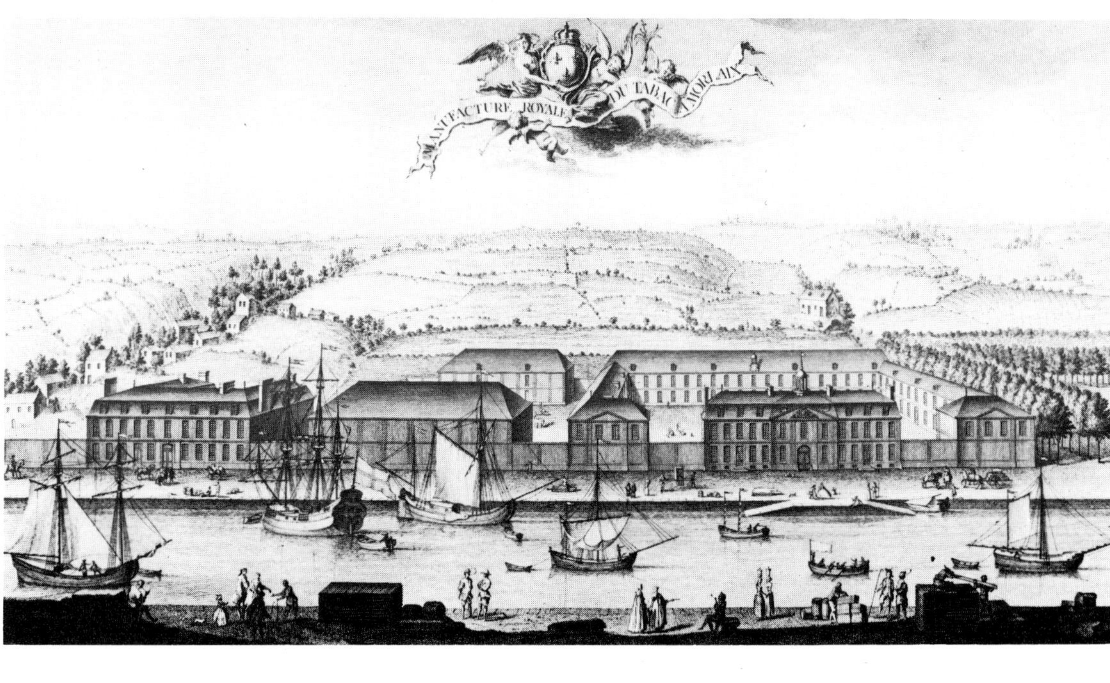
MANUFACTURE ROYALE DU TABAC MORLAIX

Rechts oben: Lageplan der Saline von Chaux. Unten: Plan der Umgebung der Saline von Chaux (aus: *l'Architecture...*, Tafeln 16 und 14). Nächste Doppelseite: Vogelperspektive der Stadt Chaux (aus: *l'Architecture...*, Tafel 15).

Der Vorentwurf zu der Anlage, den Ledoux schon einige Zeit vor dem Tod Ludwigs XV. im April 1774 vorgelegt hatte, war einfach genug: er variierte den Grundriß eines umschlossenen Hofes, ein vertrautes Muster, das schon an vielen öffentlichen Bauten des späten siebzehnten und achtzehnten Jahrhunderts angewendet worden war – am Hospital Saint-Louis zum Beispiel. Er ordnete die Funktionen Arbeiten und Wohnen nebeneinander um einen zentralen quadratischen Hof, der zum Stapeln von Brennholz dienen sollte. An den Ecken und in der Mitte jeder Hofseite gab es zweigeschossige, quadratische Bauten, um die wichtigsten Funktionen aufzunehmen: an der Eingangsseite das Tor, die Kapelle und die Bäckerei; an den beiden Seiten senkrecht dazu die Werkstätten der Schmiede und Böttcher, an der Rückseite der Anlage die eigentliche Fabrik, die Solsiederei. Zwischen diesen Bauten sollten auf beiden Seiten die Häuser der Arbeiter stehen, um zentrale Feuerstätten angeordnet. Entlang der Eingangsseite waren die Verwaltungsgebäude vorgesehen. Die gesamte Anlage, erweitert um Küchengärten hinter den Häusern, die die Löhne der Arbeiter aufbessern sollten, und von einer hohen Mauer umgeben, erinnerte an die abgeschlossene Welt der *Manufactures* unter Colbert.

Das Neue an diesem Entwurfskonzept bestand in der Anwendung einer strengen Geometrie, die die vielen verschiedenen Funktionen ordnete, im Entwurf diagonal über den Hof verlaufender, überdachter Galerien, die, so Ledoux, „die Abfolge der verschiedenen Arbeiten beschleunigen sollten", und in der gewählten Architekturform. Diese allerdings, eine Architekturform entwickelt aus den Bedürfnissen einer besonderen Arbeitsform, stieß auf Widerstand, wenn nicht gar Ungläubigkeit von seiten der *Ferme* und ihren Vertretern. Eine Fabrik war selbst in der alles einschließenden Theorie von Blondel ein minderwertiger Bautypus; er sollte, nach Blondel, möglichst einfach sein, ohne militärische Assoziationen hervorzurufen.[42] Säulen und architektonische Schmuckelemente sollten, wenn überhaupt nötig, auf den Eingang beschränkt bleiben, wie Blondel es in seiner eigenen *manufacture des tabacs* in Morlaix getan hatte.

[42] Jacques-François Blondel, *Cours d'Architecture*, II, S. 398–399.

Ledoux, der mit einer solchen Reduktion der Mittel nicht einverstanden war, bediente sich der rustikalen Motive von Serlio und den Manieristen, zusammen mit der dramatischen Einfachheit des dorischen Stils, um eine *Architektur der Produktion* zu entwerfen. Vier hohe, grob bearbeitete Säulen signalisierten den Eingang, die überdeckten Vorhallen dahinter wurden von vierundzwanzig kleineren Säulen getragen, die Schmiede und Böttcherei hatten Eingänge nach Serlio-Manier, die überdeckten Galerien, von David Le Roy poetisch als *Stoas* beschrieben, ruhten auf 140 fußlosen dorischen Säulen. Andere Säulen umgaben die Kapelle und markierten den Eingang zur Bäckerei.

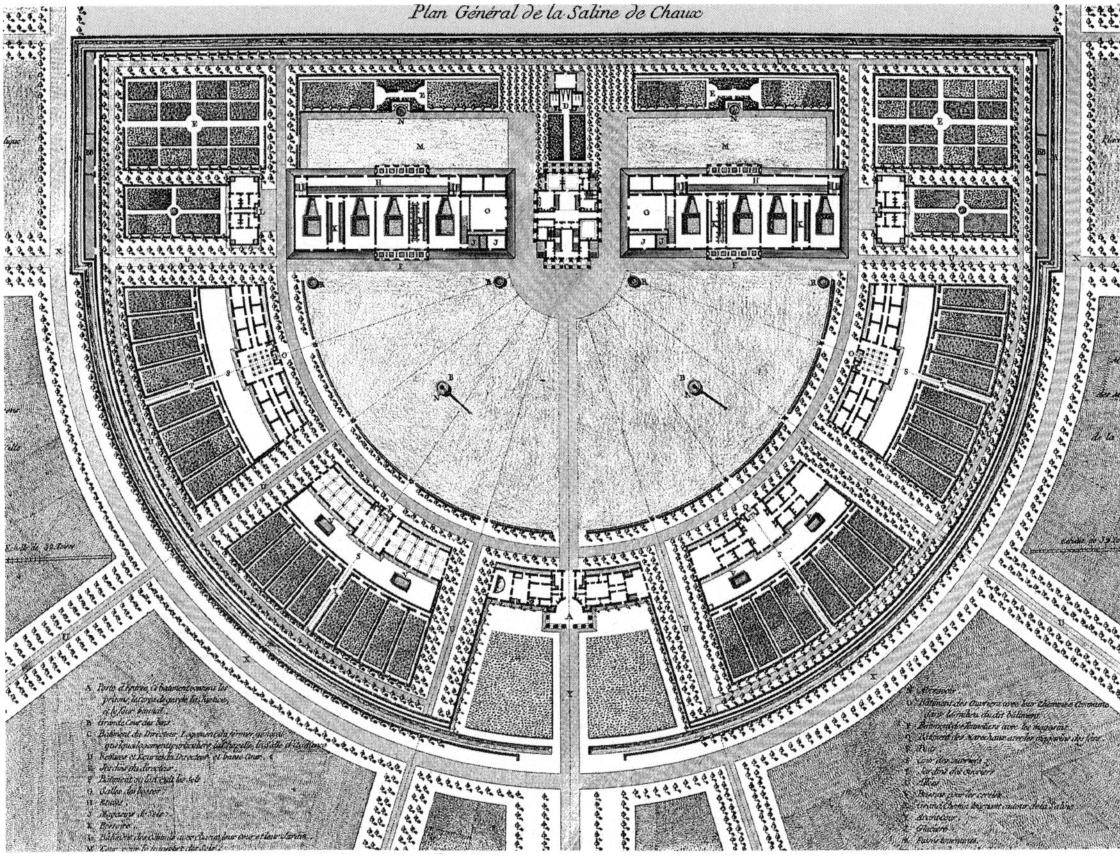
Plan Général de la Saline de Chaux

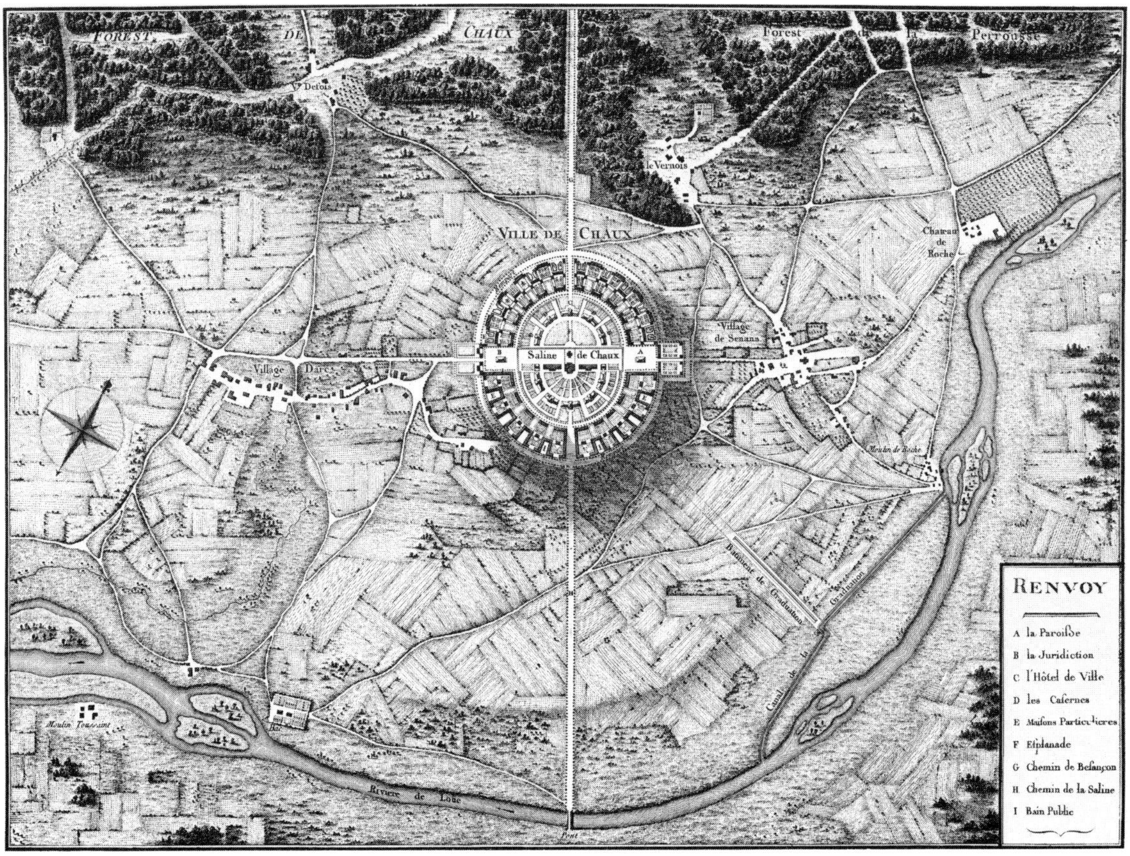
FOREST
DE
CHAUX
Forest
Perrouse
le Vernois
VILLE DE CHAUX
Chateau de Roche
Village de Senans
Saline de Chaux
Village
RENVOY
A la Paroiſse
B la Juridiction
C l'Hôtel de Ville
D les Caſernes
E Maiſons Particulieres
F Eſplanade
G Chemin de Beſançon
H Chemin de la Saline
I Bain Public

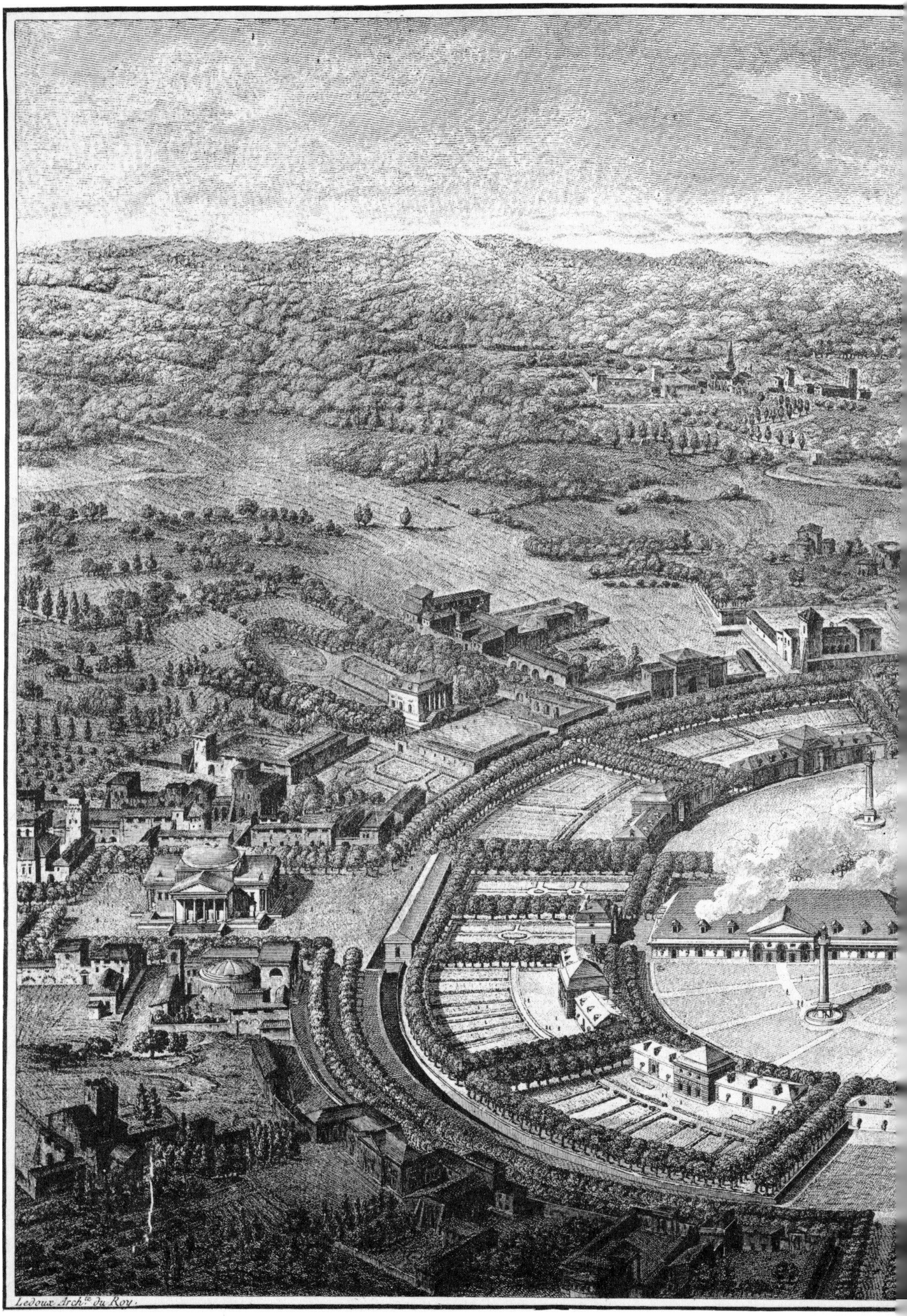
Ledoux Archte du Roy.

Mit diesem Überfluß an Schönheit verletzte Ledoux die Regeln von Luxus und Angemessenheit – *Convenance* –; Ludwig XV. war beinahe entsetzt über diese Umkehrung der repräsentativen Mittel. „Warum so viele Säulen, sie gehören ausschließlich an Tempel oder Königspaläste", fragte er, so erzählt Ledoux, der ohne Vorbilder keine Möglichkeit sah, dem König zu erklären, „daß solche Säulen, wie er sie entworfen hatte, weder in einer Kirche noch in einem königlichen Palast, noch in irgendeiner vornehmen Villa je angewendet worden seien" (40). Ähnlich verletzend erschien die sorglose Anordnung der Kapelle in der Ecke der Anlage, als Gegenüber zur Bäckerei.

Es scheint aber, als sei der erste Entwurf nicht allein wegen solcher Verstöße abgelehnt worden; Ledoux erzählt von Veränderungen im Programm, das erst in dem Vertrag von 1774 genau formuliert wurde, und von einer genaueren Kenntnis des Bauplatzes, auf den man sich erst am Ende desselben Jahres endgültig festgelegt hatte. Hinzu kam, daß Ledoux selbst erst jetzt mit einer grundlegenden Auseinandersetzung um Arbeitsstätten und deren Ausdrucksform begonnen hatte. Er war dazu offenbar angeregt worden durch eine allgemeinere Diskussion über die Form öffentlicher Bauten, die in den frühen siebziger Jahren wegen des Wiederaufbaus des alten *Hôtel-Dieu* auf der Ile de La Cité – das Krankenhaus war 1772 abgebrannt – geführt wurde und an der Ledoux direkt beteiligt war.[43] Wenn Ledoux später notiert, daß die erste Anlage der Saline zu konzentriert entworfen war und die Nähe der Gebäude sowohl unhygienisch als auch feuergefährdet gewesen sei, so bezieht er sich ohne Zweifel auf Forderungen, die von Ärzten und Verwaltungsbeamten in den siebziger Jahren für Krankenhäuser und andere öffentliche Gebäude formuliert worden waren.[44]

> „Der Künstler spürte, daß er alles voneinander trennen müsse, daß die gemeinschaftlichen und besonderen Gebäude und die Brennstätten durch Abstand voneinander geschützt werden müßten, daß er die Enge durch zu viele Bauten zu fürchten habe, er fühlte, daß er die Richtung des Windes berücksichtigen müsse, um die Gesundheit nicht zu gefährden" (67).

Solche Kriterien wurden nach 1772 Allgemeingut, nachdem ein grundlegendes Schema für den Bau von Hospitälern 1774 von einem Arzt namens Antoine Petit, und viel später von Bernard Poyet, aufgezeichnet worden war. Petit hatte eine kreisförmige Anlage entworfen, in der die Stationen wie Speichen eines Rades um einen zentralen konischen Pavillon angeordnet waren, in dem Küche und Kapelle lagen. Petit wandte sich gegen einen quadratischen Plan, er fand *la forme quarrée* unökonomisch für die Versorgung und nicht genügend durchlüftet.[45]

[43] Ledoux und Chalgrin erhielten den Auftrag, einen Bericht über die Probleme des Hôtel-Dieu nach dem Brand von 1772 anzufertigen; E. Chambardel, „Une solution inédite des problèmes de gestion hospitalière", in: *L'Hôpital et l'aide sociale*, 23, 1963.

[44] Michel Foucault, B. Fortier u. a., *Les machines à guérir. Aux origines de l'hôpital moderne*, Bruxelles 1979.

[45] Antoine Petit, *Mémoire sur la meilleure manière de construire un hôpital de malades*, Paris 1774.

In diesem Zusammenhang darf man den endgültigen, halbkreisförmigen Plan für die Saline, der eine Reihe einzelner Pavillons entlang der Peripherie und der gradlinigen Begrenzung aufstellt, in gewisser Weise als Antwort auf die damals geführte Diskussion ansehen. Was ursprünglich als eine zusammenhängende Fabrik gedacht war, wurde nun in die wesentlichen Bestandteile einer geplanten kleinen Industriestadt zerlegt, vergleichbar Vitruvs Stadt der Winde, in der der Vorteil aller vier Windrichtungen ausgenutzt wurde, um gleichzeitig den Rauch und Dunst von dem Verdampfungsprozeß davonzublasen und die Gesundheit der Bewohner zu schützen. „Die wichtigsten Gesetze sind die der Natur", schrieb Ledoux, „sie sind es, die das Wohlbefinden der Bewohner sichern, die ihr Glück von einem ausgewählten Ort abhängig gemacht haben. Diese wichtigsten aller Gesetze gehorchen den Winden" (69). Auf einer anderen Ebene aber waren Ledoux' Ambitionen rein ästhetischer Natur: der Halbkreis war eine perfekte Vorgabe, um die unterschiedlichsten Bautypen zusammenzubringen, jeden sorgsam charakterisiert nach Rolle und Funktion, die in der offenen, malerischen Landschaft des Loüe-Tals erscheinen würden wie Pavillons in einem Englischen Landschaftsgarten. Darüber hinaus verweisen Größe und Proportion des Halbkreises auf Ledoux' übergreifendes symbolisches Konzept: die Saline sollte wie ein Theater empfunden werden, und so erhält sie die Umrisse eines antiken Amphitheaters, wie es Vitruv beschrieben und Perrault illustriert hatte.[46] Auch hier lernte Ledoux aus zeitgenössischen Diskussionen, in denen die angemessene Größe für öffentliche Theater zur Debatte stand. Die Diskussion hatten Soufflot, Cochin und Dumont nach 1750 eröffnet, sie wurde fortgeführt im Zusammenhang mit De Waillys und Peyres Planungen für das *Théâtre-Français.*[47] Als Typus und als Metapher war der Plan eines Theaters Ledoux gerade recht, um die wilde Mischung seiner sozialen und politischen Idealvorstellungen für Chaux zu ordnen und zu bestätigen. Er bewegte sich dabei zwischen dem Ideal einer panoptischen, alles mit einem Blick erfassenden Kontrolle, und dem Ideal einer Rousseauschen Gemeinschaft als Prototyp. Außerdem befriedigte der Halbkreis seine ästhetischen Ansprüche und erschien ihm als eine geeignete theatralische Allegorie für die Produktion von Salz.

So wie sie damals entworfen und gebaut wurde, wenn auch mit allerlei Rekonstruktionen und Veränderungen, steht die Saline heute noch. Die Anlage umfaßt zehn Hauptgebäude mit Nebengebäuden und Ställen entlang der Peripherie des Halbkreises, dessen Durchmesser etwa 225 Meter beträgt. Die fünf Gebäude, die der Kreislinie folgen, sind ähnlich in Grundriß und Baukörper, sie haben alle eine doppelgeschossige Mitte mit Pyramidendach, rechts und links schließen sich eingeschossige Flügel an. Jedes der Gebäude ist im Inneren anders aufgeteilt, um die verschiedenen

[46] Claude Perrault, Übers. von Vitruv, *les Dix Livres d'architecture,* Paris 1673.

[47] M. Steinhauser, D. Rabreau, „Le théâtre de l'Odéon de Charles de Wailly et Marie-Joseph Peyre, 1762–1782", in: *Revue de l'Art,* 19, 1973.

Rechts oben: Torhaus zur Saline von Chaux (aus: *l'Architecture*..., Tafel 35).
Unten: Erdgeschoßgrundriß des Torhauses (aus: *l'Architecture*..., Tafel 34).

Funktionen zu beherbergen. Am Eingang ein Torhaus, das man durch einen Porticus aus sechs fußlosen dorischen Säulen betritt. Auf den Säulen ruht ein schwerer Architrav, ganz offensichtlich den Propyläen auf der Akropolis, wie sie David Le Roy gezeichnet hat, nachempfunden.[48] Hinter den Säulen liegt der Eingang in einer Art imitierter Steingrotte, geschmückt mit in Stein geschnittenen Urnen, aus denen stilisierte Tropfen kristallisierten Salzwassers hängen.[49] In den Flügeln des Torhauses befinden sich: ein Frischwasserreservoir, die Bäckerei, Wohnungen für Wachposten und Pförtner, ein Raum für den reisenden Richter und eine Gefängniszelle für kurzzeitigen Aufenthalt. Der monumentale Eingang wird auf der Westseite von den Werkstätten der Böttcher und Zimmerleute flankiert; auf der Ostseite arbeiten die Schmiede und Eisenbieger. Die Wohnungen der Handwerker liegen jeweils im ersten Stock des zentralen Eingangs, über eine Galerie kann man auf das gemeinschaftliche Leben hinuntersehen. Das Amphitheater wird vervollständigt durch die Häuser, in denen die eigentlichen Arbeiter der Salinen wohnten, den westlichen und östlichen Flügeln der Fabrik jeweils zugeordnet. Jedes dieser Häuser enthielt zwölf Wohnungen, sechs in jedem Flügel, erschlossen durch einen Korridor, der zu dem doppelgeschossigen Gemeinschaftsteil führt. Im Hintergrund, entlang der Geraden, lagen die Verwaltungs- und Fabrikationsgebäude. Im Zentrum, direkt gegenüber dem Eingang, liegt das Haus des Direktors, dem ein schwerer Porticus vorangestellt ist. Doppelgeschossige schwere Rustika-Säulen tragen einen Giebel, über dem ein hohes Mittelstück mit einem Pyramidendach die Mitte das dahinterliegenden Gebäudes markiert. Hier liegt die Kapelle, von oben durch dieses Dach belichtet, die man ursprünglich über eine gerade Treppenflucht, die diagonal in den hinteren Teil des Raumes führte, betrat; dort lag der Altar, auch er ganz hinten von oben erhellt. Dieser hohe Raum wird auf beiden Seiten eingerahmt von den Büros und Wohnräumen des Direktors und den Vertretern der *Ferme*. An die beiden Seiten des Direktionsgebäudes schließen die Fabrikationshallen an, jede von ihnen enthielt vier Feuerstellen, Vorratslager und Trockenvorrichtungen. Sie haben jeweils einen neopalladianischen Porticus mit Rustika-Säulen. An den beiden Enden befinden sich separate Pavillons für die Aufseher und Beamten. Hinter dem Direktionsgebäude liegen Remisen und Ställe, hinter den Arbeiterhäusern gibt es jeweils kleine gemauerte Schuppen für Gartengeräte und Werkzeuge. Die gesamte Anlage ist von einer hohen Mauer umgeben, die Küchengärten liegen innerhalb des Rings. Ein trockener Graben und ein ringförmiger *Boulevard* vervollständigen die Abgrenzung der Anlage nach außen.

Die Architektur des Ganzen ist ungeheuer theatralisch, eine dramatische Mischung aus abstrakten, dreidimensionalen geometrischen Baufor-

[48] Julien-David Le Roy, *Les ruines des plus beaux monuments de la Grèce*, Paris 1758 und 1770.

[49] Das Motiv der gekippten Urne wurde in den Stichen der späten Renaissance oft für Salzbergwerke verwendet. Man findet es auch in Salins.

SALINE DU ROI BATIE SOUS LE REGNE DE LOUIS XVI L'AN MDCCLXXVI

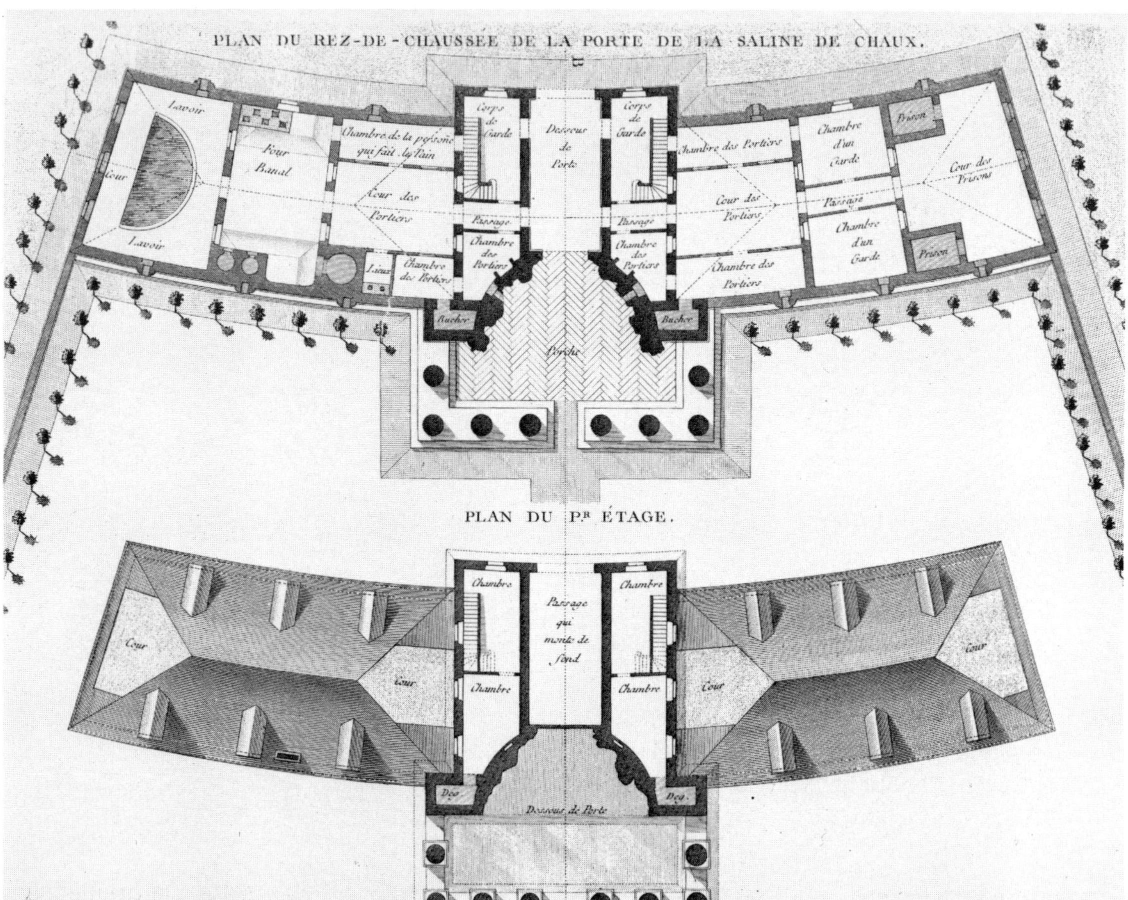
PLAN DU REZ-DE-CHAUSSÉE DE LA PORTE DE LA SALINE DE CHAUX.
Lavoir
Cour
Lavoir
Four Banal
Chambre de la persoñe qui fait le Pain
Cour des Portiers
Lieux
Chambre des Portiers
Corps de Garde
Passage
Chambre des Portiers
Buchor
Dessous de Porte
Porche
Corps de Garde
Passage
Chambre des Portiers
Buchor
Chambre des Portiers
Cour des Portiers
Chambre des Portiers
Chambre d'un Garde
Passage
Chambre d'un Garde
Prison
Cour des Prisons
Prison
PLAN DU Pr ÉTAGE.
Cour
Cour
Chambre
Chambre
Passage qui monte de fond
Chambre
Chambre
Cour
Cour
Dég.
Dessous de Porte
Dég.

Coupe de la Porte d'entrée de la Saline de Chaux, sur la Ligne. AB.

Oben: Schnitt durch das Torhaus der Saline (aus: *l'Architecture . . .*, Tafel 36).
Unten: Teil des Innenraums im Torhaus, die Grotte.

Nächste Doppelseite:
Links oben: Schnitt durch das Haus des Direktors (aus: *l'Architecture . . .*, Tafel 64).
Links unten: Der berühmte Stich, auf dem der Saal des Theaters von Besançon in einem Auge gespiegelt dargestellt wird (aus: *l'Architecture . . .*, Tafel 113).
Rechts: Ansicht und Perspektive vom Haus des Direktors (aus: *l'Architecture . . .*, Tafeln 60 und 61).

men – die Volumen der Pavillons – und schmückenden Architekturmotiven, die sich von den glatten Steinwänden und den klaren dunklen Ziegeldächern abheben. Diese Schmuckmotive – die Eingangshallen, die doppelhohe Säulenreihe aus Rustika, die in Stein geschnittenen Urnen und Wassertropfen – sind zusätzliche einzelne Schmuckstücke neben, auf und vor den Primärformen der Nutzung. Eine beinahe wortwörtliche Umsetzung der Definition d'Alemberts von den Aufgaben der Architektur. Für Ledoux hatte seine Anlage eine doppelte symbolische Aussage: sie bildete zum einen die immer-gegenwärtige Macht des Direktors und seiner Beamten ab, die im Namen der königlichen Autorität die Produktion zu überwachen hatten; sie schuf zum anderen eine sorgfältig strukturierte Gemeinschaft aus Handwerkern und Arbeitern, die Moral und gesellschaftliches Leben ermöglichen und ermutigen sollte. Diese beiden Bedeutungen wurden von Ledoux mit aller Entschiedenheit in seine Architektur übertragen. Die erste, die der Überwachung, wird ganz klar erkennbar an der *Achse der Macht.* Beginnend mit dem Eingang zum Haus des Direktors entwirft er eine Reihe von Schmuckmotiven, die allegorisch die Kontrolle über ländliche, industrielle und administrative Dinge ausdrücken sollen. Von dem Porticus des Torhauses, der die natürlichen Vorgaben für die Produktion beschirmt – die künstliche Grotte mit den nachgebildeten Wassertropfen –, bis zu dem Porticus vor dem Haus des Direktors und von da weiter bis zum von oben beleuchteten Symbol der geistigen Macht steigern sich die Motive und inszenieren Stück um Stück die Geschichte von Natur, Produktion und Glauben. An diese Achse schließt sich der Halbkreis an, der die Gemeinschaft der Arbeitenden beherbergt, eingeteilt in jeweils kleinere Einheiten um den zentralen Herd und als Kollektiv um das allmächtige *Foyer der Wohltaten,* das zentrale Haus des Direktors gruppiert.

„Ihr Standort im Zentrum der Radien läßt der Kontrolle nichts entgehen" – in seiner Beschreibung der Anlage macht Ledoux die Eigenschaft der Kontrolle zum wichtigsten Argument für den Halbkreis. Übersichtlichkeit und Wirtschaftlichkeit hatten ihn schon in den früheren Entwürfen beschäftigt. „Der Kontrollbeamte, den ich ins Zentrum der Kraftlinien gesetzt habe, kann mit einem Blick alle Einzelheiten erfassen, die seiner Aufsicht obliegen" (67). Das räumliche Abbild dieser Kraftlinien wurde der Halbkreis. Eine ungehinderte Übersicht als Merkmal der Architektur war die Antwort, die Ledoux für das komplizierte System der administrativen Kontrolle über die Arbeitsvorgänge und das Arbeitsverhalten, das in den Statuten der *Salines royales* festgelegt war, gefunden hatte:

> „Das Auge kann die kürzeste Linie am schnellsten überblicken; die Arbeit verläuft dann in schnellen Schritten; die Bürde des

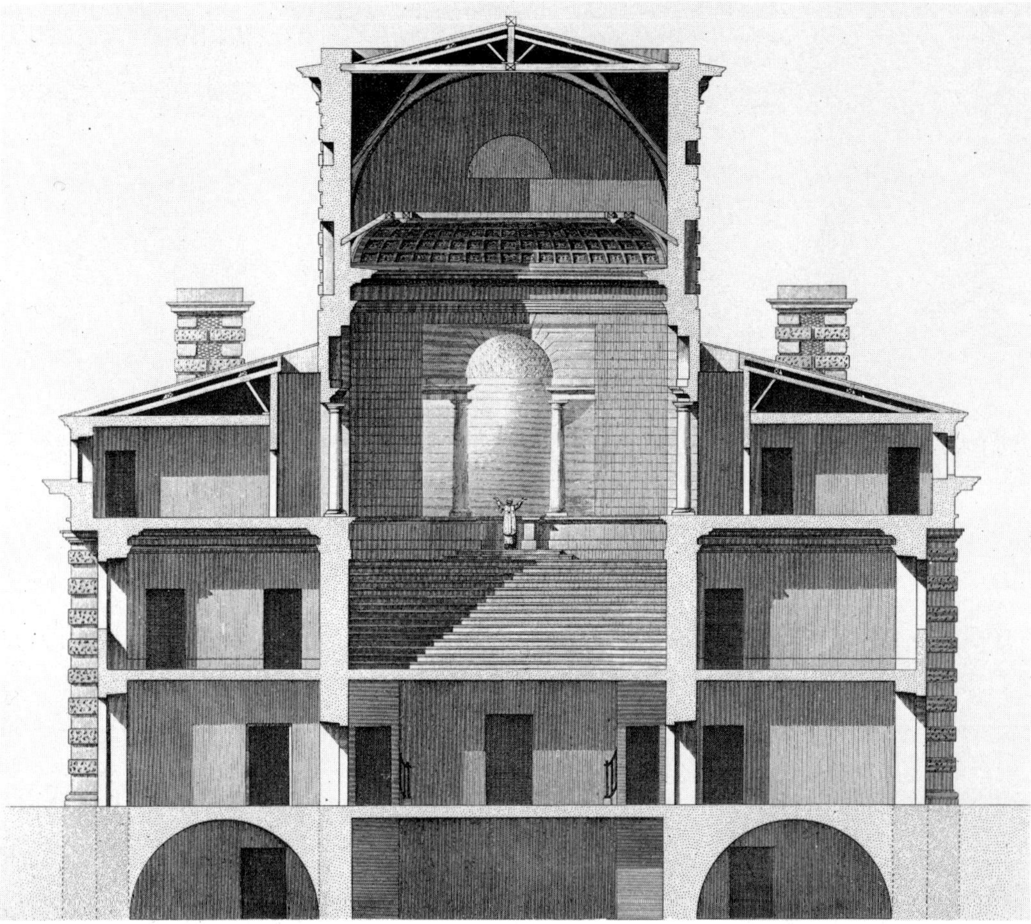

Weges verringert sich in der Hoffnung auf eine schnelle Rückkehr. Alles richtet sich nach diesem Maß, das das Gesetz der Bewegung vervollkommnet" (77).

Dieses direkte Zusammenwirken zwischen Geometrie, Bewegung und optischer Kontrolle schien einigen Kommentatoren als Bestätigung von Ledoux' *Esprit de Panoptisme,* eine Vorwegnahme des Kontrollsystems, das Jeremy Bentham 1790 in seinen Entwürfen für das *Panopticon* zur Perfektion brachte. Michel Foucault hat diesen Plan eine Beobachtungsmaschine genannt, einen „Apparat zur perfekten Disziplinierung", er sah nur das Feindselige in Benthams Plan: „Ein zentraler Punkt wird gleichzeitig zur Lichtquelle, die alle Dinge unter ihr erhellt, und zum Mittelpunkt, der alles weiß, was man wissen muß; das perfekte Auge, dem nichts entgeht und zu dem sich alle Blicke richten."[50] Ledoux, der sich dieser Aufgabe mit einer extremen Ernsthaftigkeit verschrieben hatte – er nennt zum Beispiel das Haus des Direktors *Temple de surveillance* –, löst sie dennoch viel architektonischer als Bentham mit seinem maschinenähnlichen Entwurf. Ihm liegt noch mehr daran, die symbolische Anwesenheit von Macht auszudrücken als die reine Funktion des Beaufsichtigens. Deshalb schützen Hecken die Häuser der Arbeiter vor direkter Einsicht, und das Haus des Direktors sieht aus wie ein Tempel und nicht wie ein Kontrollturm. Es ist der Hang zum Theatralischen, von dem Ledoux, mit seinen komplizierten idealistischen Vorstellungen von Macht, immer wieder überrumpelt wird. So in dem berühmten Stich des *Coup d'œil* im Theater von Besançon: hier wird ein leerer Theatersaal in der Pupille eines Auges widergespiegelt, das Auge spiegelt dazu noch einen Lichtstrahl, der aus dem Hintergrund des Zuschauerraums auf die Bühne fällt, als ob er den Darsteller (oder den Direktor?) beleuchten sollte. Dieser Strahl aber führt über das Auge hinaus, so, als müsse auch der Betrachter des Bildes davon beleuchtet werden als Zuschauer von außen. Diese doppelte Spiegelung symbolisiert das umkehrbare Verhältnis zwischen Zuschauer und Darsteller, zwischen der Gesellschaft und ihren Gesetzgebern, zwischen Arbeitern und Direktion, sie bestimmt auch das Stück, das in der Saline gespielt werden soll. In der Schnittzeichnung durch das Haus des Direktors erscheinen Stufen zu einer Art Auditorium, das aber hier selbst Bühne ist, das heißt, die Arbeiter, die sich in der Kapelle versammeln, sind Darsteller und Auditorium zugleich. Das ist die dreidimensionale Umsetzung dessen, was Ledoux für Besançon gezeichnet hat.

[50] Michel Foucault, *Überwachen und Strafen. Die Geburt des Gefängnisses,* Frankfurt 1976, S. 224.

Die Veranschaulichung von Macht wird noch dadurch verstärkt, daß das Haus des Direktors aussieht wie ein Freimaurer-Tempel. Schon im ersten Entwurf wird diese Ähnlichkeit hergestellt durch eine Kapelle, die auf die geometrischen Ordnungen der Freimaurer eingeht, und durch die Anordnung der Baumaße, die an Rekonstruktionen des Salomonischen Tempels von Perrault bis Fischer von Erlach erinnert. Der zweite Entwurf, weniger primitiv, verarbeitet viele zeitgenössische Darstellungen des Tempels in Freimaurerzeichnungen und Ikonographien.[51] Eine auslösende Wirkung für solche Formen kam sicher aus den zeitgenössischen Theateraufführungen, die für die Pariser Zuschauer um 1770, als Freimaurertum in Mode war, solche Anklänge bereit hielten. Die Inszenierung von Chaux hat sicher etwas von der ersten Aufführung von Glucks *Orpheus und Eurydike,* die am 2. August 1774 in Paris stattfand. Es war eine Inszenierung in sechs Akten, aufgebaut wie eine Weihung, beginnend mit einem Hain aus Lorbeer und Zypressen, in dem Euridice begraben liegt, vorbei an den Furien, über die Tiefe des Lethe, durch eine Höhle von schwindelerregender Dunkelheit über dem Fluß Cocythus bis, endlich, zu einem himmlischen Garten mit dem herrlichen Tempel der Liebe.[52] Ledoux, der Gluck gegen die Anhänger Piccinnis verteidigte, beschrieb später seinen Besuch in den Salinen von Salins fast in den gleichen Bildern; sein Abstieg unter die Erde zu den Quellen der Fabrik wird zum Besuch des Reiches Lethe, durch das er vom Bootsmann Charon geleitet wird.

[51] Anthony Vidler, „The Architecture of the Lodges", in: *Oppositions 5,* 1976.

[52] „La descente d'Enée aux enfers" war auch ein von Servandoni favorisiertes Schauspiel. Seine Aufführung in den Tuilerien im April 1740 wurde von vielen Kommentatoren sehr geschätzt.

Der Symbolismus der ägyptischen Totenwelt war in den Freimaurerlogen und an den Theatern gleichermaßen beliebt, vor allem nachdem das Buch *Sethos* von Abbé Terasson erschienen war. Er ist der dramatische Hintergrund für die Inszenierung des *Théâtre de Production,* für das Ledoux die Pyramide als Grundform für das Haus des Direktors und für die Fabrikgebäude verwandte, deren steile, spitze Dächer seinen Respekt vor der Geometrie der Großen Pyramide bezeugen. Die abgeschnittene Pyramide des Direktionshauses bezieht sich auf Freimaurersymbole: das Dreieck mit dem „alles sehenden Auge" wird zum Oberlicht in der Kapelle. Die Form der Schornsteine verdichtet die allegorischen Anspielungen weiter; denn für Ledoux und seine Zeitgenossen bestand die ursprüngliche Form des ägyptischen Mausoleums in einer konischen Flamme über dem brennenden Scheiterhaufen der Pharaonen, und diese übertrug Ledoux auf die brennenden Schornsteine seiner Fabrik. In der Schnittzeichnung treibt er die Analogie noch weiter, indem er die Schatten der Dächer bis auf den Boden verlängert und so scheinbar perfekte Pyramiden erzeugt. Und zu guter Letzt erschließt er die Fabrikgebäude durch dreibögige Vorhallen in Rustika-Bauweise, die sich unmittelbar auf die neo-palladianischen Vorhallen beziehen, die Fischer von Erlach in seiner imaginären Rekonstruktion der Pyramiden verwendet hatte. Nach der Revolution versucht sich Ledoux von den pyramidenförmigen Krematorien des Pierre Giraud für die Opfer des Terrors zu distanzieren, er unterscheidet zwischen der Erhabenheit der Produktion und der des politischen Opfers und schreibt, „man muß einen Unterschied machen zwischen

Plan Général d'une Forge à Canons

Coupe

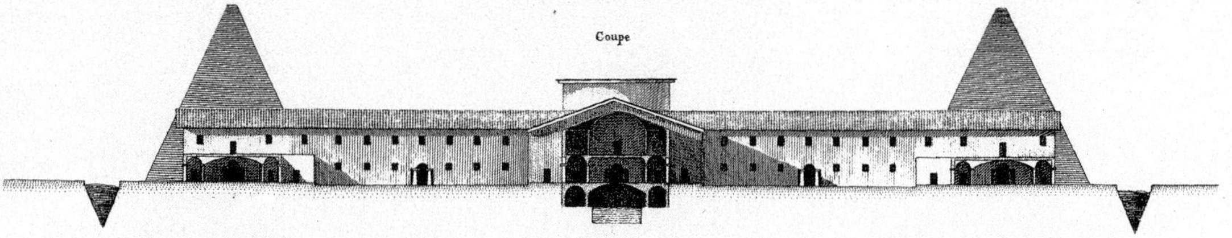

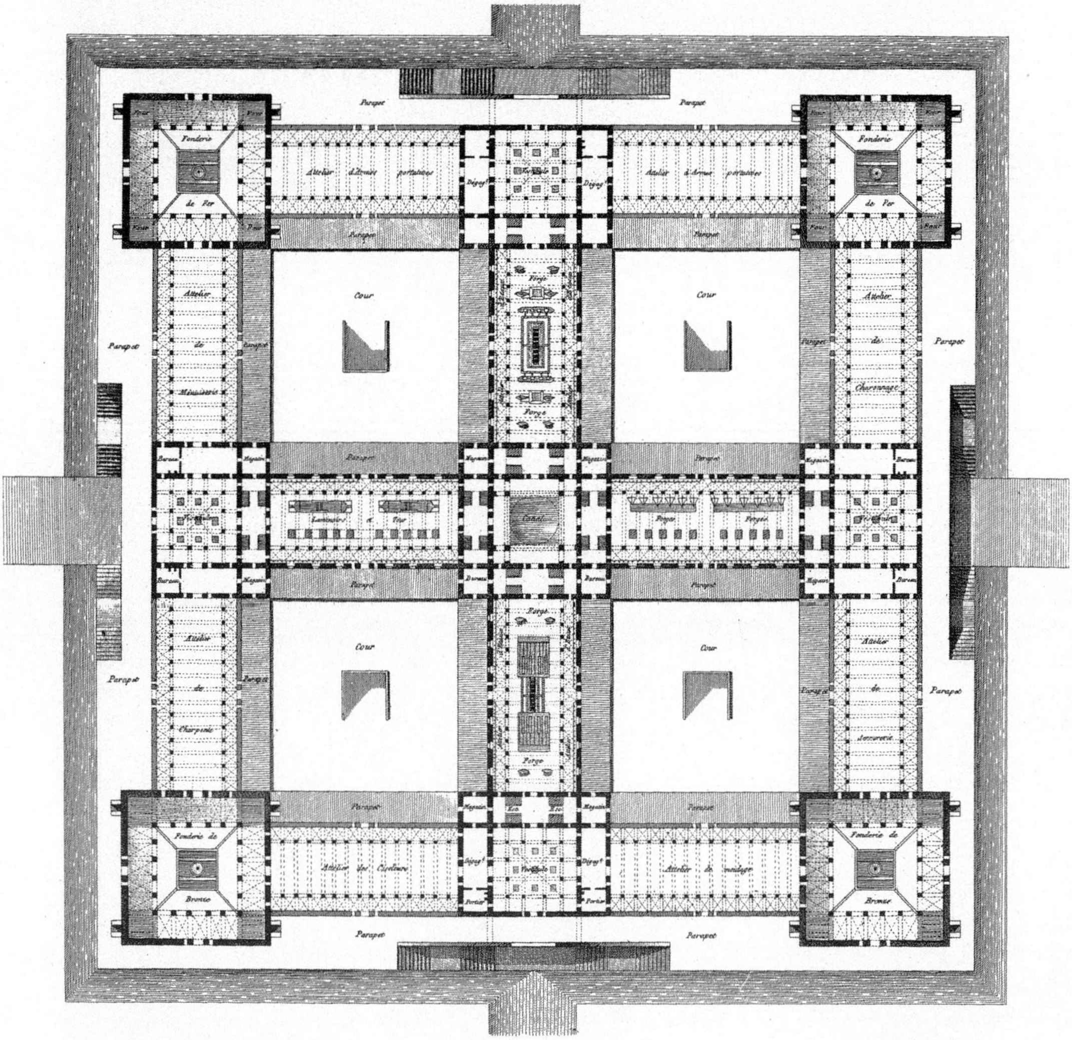

Elevation

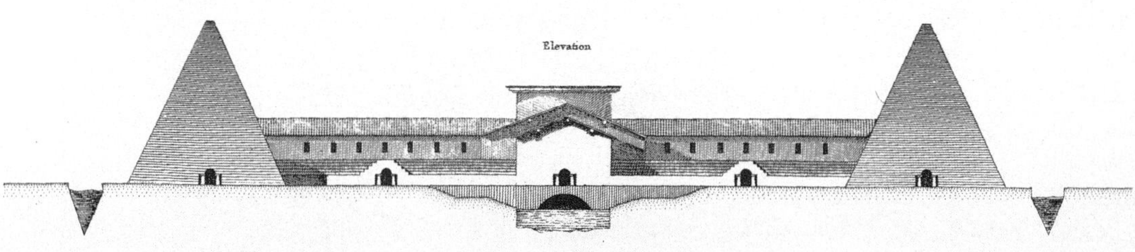

Echelle de 5 10 20 30 40 toises

Le Doux Architecte du Roi

Gravé par Heluis

Plan für eine Kanonengießerei, Grundriß, Ansicht und Schnitt (aus: *l'Architecture...*, Tafel 124).

den salzigen Dämpfen, die die Dächer der Saline verschleiern, und dem schwarzen Rauch, der von den Altären aufsteigt, auf denen die Opfer verbrannt werden" (119).

„Fünf Gebäude von je 30 *toises* (ca. 58 m) Länge und zwischen ihnen nützliche Bäume umschreiben einen großen Kreis"; gegen die unzugänglichen Motive der Sarastro-Elegie setzt Ledoux die Gemeinschaftsräume des familiären Lebens. Im Zentrum jedes der Arbeiterwohngebäude gab es ein *Hôtel de réunion,* einen Versammlungsraum, in jedem Flügel sechs Zimmer mit je vier Betten: „jedes Zimmer gehört einer Familie, eine Galerie bildet den Gemeinschaftsraum. In ihm ist alles vorhanden, was zum Kochen und Essen benötigt wird; die Tonplatte, auf der man kocht, überdeckt hundert Kohlebecken, die durch eine ständige Flamme heißgehalten werden" (111). Um diese Herdfeuer versammelt stellte sich Ledoux die Alten in einer Rousseauschen Heiterkeit vor, über ihnen eine gewölbte Decke, die, so schreibt er, „eine allgemeine Vorstellung von Gemeinsamkeit vermittelt, die den Menschen einbindet in eine soziale Ordnung, so wie sie ihm von der Natur gegeben ist" (109). Wie Rousseau, der daran glaubte, daß „die erste Entwicklung von Gefühlen eine neue Situation schuf, in der sich Mann und Frau, Väter und Kinder vereinten"[53], so glaubte Ledoux voller Hoffnung an die erzieherische Wirkung dieser Räume: „in diesen schönen Räumen wird alles zur Freude, hier läßt sich die Liebe nieder um zu bleiben, hier ist der Mensch noch voll von Unschuld" (110). Diese Arbeiterhäuser würden, so hoffte er, von allen angenommen und geliebt werden, in ihnen würde sich das Leben leben lassen nach natürlichem Gesetz (111). Und wenn auch der schlecht bezahlte und überstrapazierte Arbeiter so gut wie nichts besaß, so würde er hier, in den Stunden der Ruhe, wenigstens „von den süßen Illusionen" umgeben sein, wie ein Zuschauer im Theater. Wichtiger noch für den ungestörten Ablauf der Produktion war, daß er hier „geschützt war vor allen kostspieligen Ablenkungen, vor allen bacchantischen Versuchungen, die das Eheleben in Gefahr bringen und zum Müßiggang herausfordern können". Im Inneren der Häuser „findet er (...) seine Vergnügungen, den Trost für alle Mühe, die Erfüllung all seiner Bedürfnisse"; draußen vor der Tür, „wenn er seinen geliebten Rückzugsort verläßt, findet er ein fruchtbares Feld zu bestellen, es beschäftigt ihn während der Arbeitspausen und bringt ihm Genuß" (111). Die Zeit der Erholung wird also funktionalisiert; die Arbeiter sollen dem Boden verbunden bleiben und sich selbst ernähren können ohne Kosten für das Unternehmen. Mit diesem Modell einer glücklichen, arbeitenden Gemeinschaft folgte Ledoux ohne Zweifel den Ausführungen des Autors, der in der *Encyclopédie* den Aufsatz *Manufacture* geschrieben hatte; im Gegensatz zu dem Modell der *Manufacture réunie,* das eine sehr viel strengere Organisation vorsah, verfocht er eine offene Organisation, in der

[53] Jean-Jacques Rousseau, „Abhandlung über den Ursprung und die Grundlage der Ungleichheit", in: *Schriften I,* München 1978.

Die Kanonengießerei aus der Vogelperspektive (aus: l'Architecture . . ., Tafel 125).

Rechts oben: Fischer von Erlach, *Entwurf einer historischen Architektur,* Tafel XIII.
Unten: Louis Etienne Boullée, Schnitt durch das Grabmal von Turenne.

die Arbeiter mehr Freiheit haben sollten und mehr Gleichheit mit dem Meister.[54] Ledoux hat damit, so haben es einige Historiker gesehen, die feudalistische Organisation der Industriestadt-Utopien des 19. Jahrhunderts, von Robert Owen in New Lanark bis Titus Salt in Saltaire, vorweggenommen.

[54] Artikel „Manufacture", in: *L'Encyclopédie,* X, S. 60.

Dieser ausgeklügelte und idealisierte Entwurf diente als Rahmen für eine Produktionsgemeinschaft, die in jeder Hinsicht autonom war. Innerhalb dieser vier Meter hohen Mauer war Raum für etwa zweihundert Arbeiter mit ihren Familien, versorgt durch die Bäckerei am Ort und ihre Gemüse- und Obstgärten, überwacht von einer strengen Hierarchie von Beamten, angefangen vom Direktor und seinen Inspektoren und Verwaltern bis zu den Pförtnern, Wächtern, Aufsichtspersonen. Der Tag eines jeden war durch Vorschriften geregelt, vom Morgengebet bis zum Abendläuten, der Arbeitsablauf wurde streng kontrolliert, er war eingeteilt in die traditionellen Arbeitsschritte und handwerklichen Griffe, er war zeitlich festgelegt nach wissenschaftlichen Berechnungen. Der Verbrauch von Brennstoffen und anderen Materialien wurde genau überwacht, die Wareneingänge und -ausgänge wurden gezählt, gewogen und gemessen. Von draußen eine Festung – selbst die Vertreter der *Ferme* brauchten einen geschriebenen Paß um hereinzukommen –, war es im Inneren ein kleines Königreich, regiert vom Direktor und seinen Beamten, „einer Handvoll Tyrannen", wie der Historiker Pierre Boyé sie nannte.

Diese weitreichende Kontrolle begann schon am Torhaus, in dem die Büros der Pförtner lagen, die die Bewegung hinein und hinaus überwachten, die für den Zeitplan der Arbeiten verantwortlich waren und die Güter und Dienstleistungen registrierten. „In diesem Mittelpunkt des Lichts", schrieb Ledoux, „verfolgt das niemals müde werdende Auge der Wachsamkeit die Aufgabe der jeweiligen Stunde und diejenigen, die ihr dienen" (109). Damit gibt er fast wörtlich die Regeln wieder, die Haudry 1775 für die Pförtner am Tor aufgestellt hatte.[55] Das Zentrum dieser Wachsamkeit war das Haus des Direktors, in dem die verschiedenen Funktionen je nach sozialem und gesetzlichem Status angeordnet waren. Das Untergeschoß beherbergte niedrige Funktionen, den Weinkeller, ein Holzlager; im Erdgeschoß gab es ein Rechnungsbüro, eine Bank, ein Besprechungszimmer für die Vertreter der *Ferme* und einen Gerichtsraum für den Richter, wenn er da war – „der Ort, an dem Themis Recht spricht" (131). Im gleichen Geschoß gab es eine Küche, ein Arztzimmer mit einem Lagerraum für medizinische Kräuter und ein Labor für den ansässigen Chemiker. Im ersten Geschoß waren die privaten Räume für den Direktor und die höheren Beamten untergebracht; es gab ein Speisezimmer, einen Salon, Schlafzimmer und Büros.

[55] Archives Départementales du Jura, 8J 323.

Die Hauptaufgabe der Fabrik war, selbstverständlich, die Gewinnung von Salz durch Verdunsten, das Trocknen und Verpacken, dem die bei-

Ta XIII.

Links: Das Gradierhaus. Rechts: Plan des Gradierhauses (aus der *Edition Ramée,* Tafeln 109 und 111)

den Flügel rechts und links vom Haus des Direktors dienten. Sie waren durch eine überdachte Passage miteinander verbunden, die unter der Treppe zur Kapelle entlanglief. In diesen riesigen Hallen waren Scharen von Arbeitern mit der Einrichtung der Tiegel, *poëles,* beschäftigt, die aus Hunderten von zusammengenieteten Eisenplatten bestanden und mit Ruten an den dicken hölzernen Deckenbalken befestigt wurden. Andere Arbeiter schürten das Feuer, dichteten die Tiegel ab und ließen allmählich die Salzlake ein, hielten sie auf einer konstanten Temperatur und schöpften ab und zu den Schmutz ab. Andere hatten die Aufgabe, wenn nach achtundvierzig Stunden gleichmäßiger Hitze das Salz kristallisiert war, die feuchten Salzmengen über eine Schräge auf Trockengestelle zu schieben. Am Ende lagen die Packräume, in denen das Salz zu flachen Kuchen gepreßt oder für den Export in Körbe verladen wurde.

Bei der Planung dieser Arbeitshallen folgte Ledoux dem traditionellen Schema: er hängte die Tiegel in Paaren um jeweils ein Trockengestell vor den langen Ofen für das Trocknen der gepreßten Salzkuchen. Aber er verbesserte die Verteilung der Hitze von den Öfen und sparte Heizmaterial, indem er die Öfen voneinander durch wärmespeichernde Wände aus Hohlsteinen trennte und sie mit einer Art Kamin oder Kanal verband, der die oberen Trockenräume erwärmte. Er machte sich außerdem stark für die Verwendung von Kohle anstelle von Holz, jedoch ohne Erfolg, denn die Umstellung auf Kohle dauerte bis ins 19. Jahrhundert. Außerdem entwarf er eine obere Galerie, von der aus man in die Tiegel hineinschauen und den Verdunstungsprozeß besser überwachen konnte. An dieser Galerie, im Giebel über der Vorhalle, lag die Wohnung des *Inspecteur des poëles.*

Obwohl Ledoux glaubte, er habe so das Ideal einer Produktionsstätte entworfen, deren Fenster einen dicken „ägyptischen" Rauch ausspieen wie von einem primitiven Scheiterhaufen, waren die Arbeitsbedingungen einfach unerträglich. Der schwere Dunst, angereichert mit ätzenden Dämpfen und Partikeln von Ruß, machte in dieser fürchterlichen Hitze das Atmen fast unmöglich. Ventilation gab es noch nicht. Es war nichts Ungewöhnliches, wenn die Arbeiter an chronischer Bronchitis oder Schleimhautentzündung erkrankten, wenn sie in die kochende Lake fielen und Gliedmaßen verloren oder blind wurden durch die Flammen. Sie arbeiteten in einer Zwölf-Stunden-Schicht, Tag und Nacht, für die klägliche Summe von sechs Sous am Tag.[56]

[56] Archives Départementales du Jura, 8J 440.

Diese ununterbrochene Produktion konnte nur aufrecht erhalten werden durch einen unaufhörlichen Nachschub an Holz, Eisen und anderen Materialien; in den Wäldern um Chaux arbeitete deshalb eine ganze Armee von Holzfällern, Köhlern, Kupferschmieden, Zimmerleuten, Metall-

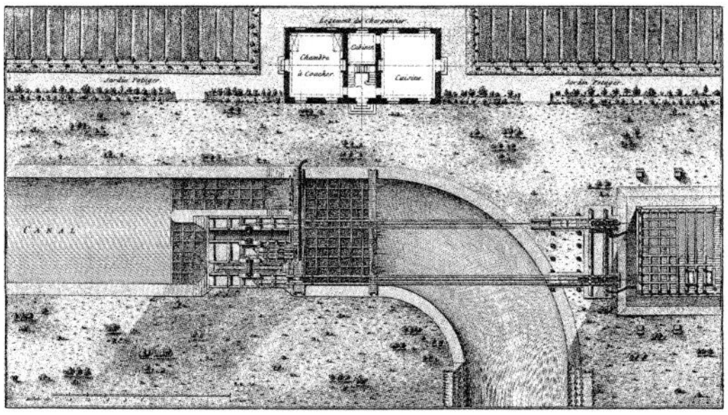

arbeitern. Diese externen Arbeitskräfte, die nicht so leicht zu überwachen waren und sich der Autorität gern widersetzten, wurden, wie die Arbeiter im Inneren, von Beamten der Saline und der Krone kontrolliert.[57] Ledoux entwarf für sie in seinem späteren Projekt, nach 1780, Wohnungen und Werkstätten und bezog sie so in die väterliche Gewalt der Fabrik mit ein. Auch wenn die Idealstadt von Chaux ein utopisches Projekt wurde, so hatte sie doch ihre Wurzeln in dieser „Zivilisation des Waldes" damals in der Franche-Comté.

[57] Vgl. L. Mazoyer, „Exploitation forestière et conflits sociaux en Franche-Comté", in: *Annales E. S. C.,* IV, 1932.

Detail der rustizierten Säulen am Haus des Direktors. Das Bossenwerk, das Ledoux von den Italienern (dort *bugnati*) über den Umweg England (dort *rustication*) gelernt hat, setzt er hier aus einem Wechsel von Würfel und Zylinder zusammen.

5. Die Sprache der Charaktere

„Der Charakter der Bauwerke wie auch ihr Aussehen dienen zur Proklamation der Reinheit der Sitten. Da entstehen Theater in neuen Formen, sie machen die Humanität allgemein, hier sind die Triumphbogen, die sie verherrlichen (...)" (3)

Zwischen 1775 und 1789, von der Grundsteinlegung für die Saline bis zur Französischen Revolution, baute Ledoux, trotz vieler wirklicher und imaginärer Rückschläge, eines der erfolgreichsten und brillantesten Architekturateliers des Ancien Régime auf. Boullée, der älter war, hat vielleicht mehr akademische Auszeichnungen erhalten, aber er hat nach 1780 nur noch wenig gebaut; Gondouin war eingebunden in die *Ecole de Chirurgie,* Charles de Wailly in das *Théâtre-Français,* Antoine in das *Hôtel des Monnaies* und Rousseau in das *Hôtel de Salm;* Brongniart und Bélanger unterhielten reiche private Büros für die feine Bauherrschaft. Ledoux dagegen fand seine wahre Berufung in öffentlichen Aufträgen, obwohl er sein Engagement für kleine Stadthäuser und die Stadtentwicklung von Paris weiter ausdehnte. Bis zuletzt gefördert von der *Ferme générale,* baute er einen Salzspeicher in Compiège, begann mit der Errichtung von riesigen zentralen Verwaltungsbauten für die *Ferme* in Paris, und überwachte, zwischen 1784 und 1789, den Bau von mehr als sechzig Torhäusern entlang der Stadtmauer von Paris. Die Unterstützung von Trudaine de Montigny war ihm hilfreich in Besançon, wo er von Lacoré, dem Intendanten der Franche-Comté, den Auftrag für ein Theater erhielt, und in Aix-en-Provence, wo er, bei M. des Gallois de la Tour, dem Intendanten und ersten Präsidenten des *parlement,* eingeführt, mehrere Entwürfe für einen neuen Justizpalast und neue Gefängnisse fertigte. Von Landgraf Friedrich dem Zweiten nach Kassel gerufen, entwarf er für die Stadt einen Triumphbogen, machte Pläne für den Umbau der königlichen Bibliothek und des Museums und zeichnete grandiose Visionen für einen neuen Palast. Er verfolgte jede Aufgabe mit dem gleichen Enthusiasmus, ob ein Bankhaus für Turgot oder Calonne, ein neues Theater in Marseille, ein Rathaus in Neuchâtel oder die Märkte in der rue Saint-Germain in Paris.

Während dieser Jahre fand Ledoux auch seinen Platz in der Pariser Gesellschaft. Nachdem er sich von dem Verlust erholt hatte, der ihm durch die Ungnade der Madame Dubarry und die Absetzung des Hauses Turgot entstanden war, nutzte er seine Position als Mitglied der *Académie* und auserwählter Architekt der *Ferme.* Seine Verbindung zum Marquis de Montesquiou bereicherte seinen literarischen Freundeskreis, hier traf er Abbé Delille, dessen Virgil-Übersetzungen und Prosadichtungen – besonders *Les Géorgiques, Les Jardins* – seine Visionen von Landschaftsgestaltung und Landreformen beeinflußten. Hubert Robert, Watelet, De Wailly und Brongniart vervollständigten den künstlerischen Kreis. Die Freunde waren durch ihr gemeinsames Interesse an Theater und Oper ebenso verbunden wie durch ihren selbstbewußten Verkehr in den Freimaurer-Logen. Der Name Ledoux taucht, im Gegensatz zu vielen hundert anderen Namen von Pariser Architekten, auf den Listen der *Grand Orient*-Loge zwischen 1774 und 1789 nicht auf; wahrscheinlich gehörte er zu einer

weniger orthodoxen Loge um 1784; denn seine architektonische Symbolwelt damals und seine Pläne und utopischen Abhandlungen in der Zeit nach der Revolution waren stark beeinflußt vom Gedankengut der Freimaurer. Ledoux „liebte die Gesellschaft wohl, aber er bevorzugte die der Künstler und Frauen", schrieb Cellerier.[58] Er war ganz in seinem Element in den Salons reicher Gönnerinnen, wie dem der Madame Thélusson, einer Bankierswitwe aus der Schweiz, zu der ihn Haudry, Angestellter der Generalpacht, hingeführt hatte, genau so sicher aber bewegte er sich in diesem etwas militärischen, übermännlichen Habitus der Logen.

[58] op. cit.

In dieser Gesellschaft fand Ledoux Unterstützung für eine Architektur, die sich sozialen Reformen und einer neuen Ästhetik verschrieben hatte. Was um 1750 noch als polemischer Zündstoff für einige Philosophen und hellsichtige Architekten galt, war in den späten siebziger Jahren allgemeingültiges Programm der Verwaltung: der Plan für das *Embellissement,* für die Verschönerung der Stadt.[59] Damit war nicht nur gemeint, daß man Bäume pflanzen, Fassaden erneuern, Brunnen anlegen wollte, es ging vielmehr um eine mehr oder weniger systematische Erneuerung des Stadtgefüges, mit Raumreserven für den Verkehr, mit Plänen für den Kreislauf von Wasser und Luft, zu Gesundheit und Feuerschutz, zur Straßenbeleuchtung, zur Auslagerung „ungesunder" Orte wie Friedhöfe, Krankenhäuser und Schlachthöfe und zum Bau von sozialen Einrichtungen wie Armenhäuser, Gefängnisse und Schulen. Verbunden damit war die Absicht, die Stadt nach außen für Handel und Verkehr zu öffnen. Trotz vieler lokaler Unstimmigkeiten war man sich über die große Struktur einig: Sébastien Mercier beschreibt sie in seinem Buch *l'An 2240;* Pierre Patte ergänzt sie durch technische Angaben in seiner Sammlung von Projekten für den Place Louis XV in Paris; Abbé Lubersac rühmt ihre monumentale Ästhetik in pompösen Elogen.[60] Grob gesehen war die Stadt konzipiert wie ein Jagdrevier, die Alleen verwandelt in Boulevards und die Rondells in öffentliche Plätze. Die wichtigen Bauwerke für Repräsentation, Vergnügen und öffentliche Dienste waren locker verteilt, mit eigenen Vorhöfen und Plätzen, charakterisiert durch ihre besondere Form, durch architektonische Ordnungen und emblematische Dekorationen.

[59] J. M. Dudot, B. Flouzat u. a., *Le devoir d'embellir,* CEMPA, Nancy 1977.

[60] Pierre Patte, *Mémoires sur les objets les plus importants de l'architecture,* Paris 1769; Abbé Charles-François de Lubersac, *Discours sur les monuments publics de tous les âges,* Paris 1775.

Eingebunden in diesen theoretischen Zusammenhang, können die Entwürfe für öffentliche Bauten, die Ledoux vor der Revolution fertigte, auf zwei Ebenen als ungewöhnlich angesehen werden: zum einen lehnte er es ab, sich auf den einfachen, reduzierten „Funktionalismus" der Ärzte und Rechtsanwälte einzulassen; zum anderen erschien ihm ein wortwörtlicher neo-klassischer Historismus viel zu eng, um die neuen oder extrem veränderten Programme zu fassen. Er suchte eine Bauform und einen Stil, die frei wären von allzu genauen geschichtlichen Referenzen. Mit diesem Ziel entwickelte er seine Konzeption der Charaktere aus dem doppelten Spiel mit der dreidimensionalen Anordnung: die bezeichnende Form als Typus, die abstrakte Anspielung und eine Art entwicklungsfähiger Klassizismus, der, obwohl genau genug, um seine Herkunft zu belegen, dennoch in die bestimmende Sprache geometrischer Formen zu integrieren war. Ledoux war überzeugt, daß die vereinheitlichende Kraft der Stereotomie (die Zerlegung geometrischer Körper in räumliche Schnitte) stark genug ist, eine Form – wie den Würfel, den er in neun Quadrate in jeder Dimension unterteilte – zur Figur werden zu lassen ohne jede sichtbare Differenzierung oder Unterteilung; zweifellos eine Referenz an Palladio. Die gleiche Regel, die es erlaubt, die abwechselnd übereinandergeschichteten Quadrate und Zylinder seiner *colonnes à bossages* einmal als Referenz an Serlio und zum anderen als Detaillösung, die die Struktur des ganzen Gebäudes reflektiert, zu lesen, diese Regel, glaubte Ledoux, ist anwendbar vom größten bis zum allerkleinsten Maßstab.

Im Bereich solcher Abstraktion war Ledoux frei, wie es die Saline zeigt, jede historische Vorgabe zu benutzen. Aber sein Historismus war weit entfernt von den Ambitionen eines Quatremère de Quincy oder Séroux d'Agincourt, die die Wiedererweckung alter Stile enthusiastisch und mit viel Sinn für Anachronismus und die Relativität der Werte vertraten.[61] Aus den Vorlesungen von Blondel und besonders aus den Schriften von David Le Roy über griechische Bauwerke hatte Ledoux ein Bild der Antike gewonnen, die sie ihm als ganz und gar verfügbar für eine zeitgenössische Umnutzung erscheinen ließ. Die Darstellung von Athen durch Le Roy, einmal zerstört und einmal scheinbar wiederhergestellt, also fragmentarisch und typisch, wurde für Ledoux Vorbild für seine strukturellen und semantischen Überlegungen. Die Ruinen zeigen die Vergangenheit in Fragmenten, so hatte Diderot geschrieben, analytisch zerbrochen in ihre Bestandteile sind sie *Zeichen* für die antike Kultur; als vervollkommnete *Typen* kristallisieren sie soziale Vorgänge in offenen und geschlossenen Formen, verkörpern sie die Prinzipien von Aufbau und Anordnung. Ursprünglich waren sie Hieroglyphen oder Piktogramme, um zu signalisieren und zu bedeuten, später bildeten sie verschiedene Funktionen in typischen Mustern ab. Dies beides zusammen, verbunden und überlagert durch das Spiel der Geometrie, macht sie zu Denkmälern, in denen historische Andeutungen und allgemeine Prinzipien zu einer Komposition überhöht werden, die durch die Augen, in Ledoux' Worten, zur Empfindung *spricht.*

[61] Anthony Vidler, *The Writing of the Walls*, Princeton 1986.

Dieser feinste Appell an die Empfindungen, der dem achtzehnten Jahrhundert nach Diderot, Condillac und Helvetius ganz vertraut war, wird für Ledoux nur durch das Majestätische, das Erhabene hervorgerufen, so wie es Edmund Burke neu definiert hatte. Das Erhabene war für Ledoux nicht

Typische Merkmale der Architektursprache von Ledoux.
Oben: Die dorischen Säulen am Haus des Direktors.
Unten: Die Wagenremise des Direktors.

länger eine rhetorische Kategorie, wie sie Boileau von Longinus übernommen hatte, oder wie sie von Blondel eingeschränkt für Gebäude mit *hohem* Anspruch oder *einschüchternder* Wirkung empfohlen worden war, sondern das Erhabene wurde für Ledoux ein allumfassender Gestus für alle öffentliche Bauten, ein Garant für ihre emotionale und intellektuelle Wirkung; denn sie sollten Typus und Genre nicht nur repräsentieren, sie sollten die ihnen innewohnenden Ideen wahrhaft *ausdrücken* und heftige Gefühle im Betrachter auslösen. In der Saline von Chaux hatte Ledoux schon eine ganze Skala dieser erhabenen Wirkungen erprobt, die Burke 1756 in *Philosophical Enquiry into the Origins of Our Ideas of the Sublime and Beautiful* beschrieben hatte. Burke bestand darauf, daß das Erhabene sich aus dem Schrecken ableitet, daß es fähig sei, „die stärksten Gefühle, deren wir fähig sind, hervorzurufen", er macht es zur wichtigsten aller ästhetischen Kategorien und verengt das Schöne auf eine klassische, statische Kategorie, die sich allzu leicht herstellen läßt durch Symmetrie und Ausgewogenheit.

Burke hatte die Architektur als tragendes Beispiel für das „künstlerisch Erhabene" gewählt und damit für Ledoux und Boullée die Eigenschaften vorgegeben, mit denen sie das „Öffentlich Erhabene" ausstatten wollten: Finsternis, Bestürzung, Unsicherheit, um religiösen Schrecken in den Tempeln der Alten und den Wäldern der Druiden zu verbreiten; Leere, Abwesenheit von Licht, Einsamkeit und Stille, um eine Ahnung von Unendlichkeit und damit von unbeschränkter Macht zu vermitteln; unermeßliche Höhen, Längen und Breiten, Herrlichkeit und Glanz, alle Eigenschaften, die „den Geist des Betrachters erhöhen, ergreifen und erstaunen". Burke bot hilfreich Rezepte für Architekten an: Das „künstlerisch Unendliche" ist herzustellen aus einer Kombination von „Reihen" und „Gleichheiten" in den Elementen des Baukörpers – wie in einer Rotunde, der das Auge folgt, ohne je an Grenzen zu stoßen, oder in einer Reihe ähnlicher Säulen, die durch nichts unterbrochen oder gestört wird. Harte Kontraste von Licht und Schatten, das Spiel mit absoluter Finsternis und grellem Licht, abnorme Größenverhältnisse und eine rohe Gigantomanie (wie in Stonehenge), düstere Farben und kostbarste Materialien vollendeten das dramatische Repertoire, das Burke vorschlug.[62]

[62] Edmund Burke, *A Philosophical Enquiry...*, London, 1756; dt. 1773.

Ledoux erprobte solche Wirkungen in der Saline, von der pyramidalen Schwere bis zu ihrer halbkreisförmigen Anlage, in der nichts den Blick aufhalten konnte. Auch die Einbeziehung der natürlichen Szenerie hatte er von Burke gelernt. Er proklamierte die Notwendigkeit, einfache, primitive Formen zu finden (später von Kant neu verkündet), und entwickelte so eine Architektursprache, die allen Aufgaben im öffentlichen Bereich entsprach. Indem er auf jeglichen Piranesianischen Schmuck durch Embleme

Rechts: Das berühmte Motiv mit dem aus den Urnen tropfenden Salzwasser – Symbol für die Bestimmung der Saline.
Nächste Doppelseite:
Links oben: Die Solsiederei.
Links unten: Blick auf das Torhaus und das Haus des Direktors.
Rechts oben: Entwurf für das Eingangsportal des Theaters von Besançon.
Rechts unten: Entwurf für die Hauptfassade des Gefängnisses in Aix.

und andere Zutaten verzichtete, wie Delafosse und Neuforge ihn populär gemacht hatten, schuf er einen Stil des Wesentlichen. Geometrische Grundformen, nackte Wände, die nur durch den Kontrast von tief eingeschnittenen quadratischen oder runden Basreliefs belebt wurden, dorische Säulen ohne Kanneluren und Pfeiler ohne Fuß, geometrische Ornamente auf der Wand – dies alles ergab eine szenische Wirkung, die der *voyageur* wohl empfand, wenn er diese Fassaden in abgestimmter Bewegung passierte, wenn er diese von oben erhellten Räume durchstreifte, wenn er die unendlichen Treppen erstieg, als wäre es ein heiliger Berg. „Will man nicht Wirkungen erzielen, die jenseits jener konventionellen Möglichkeiten liegen, die nur die Weite der Natur verkleinern?", schrieb Ledoux, „(. . .) werft die engen Fesseln, die die Erfindungskraft lähmen, ab, und Ihr werdet sehen, daß das einzige Mittel, das im Haushalt der Kunst erlaubt ist, Euch zum Erhabenen hinführt. Nutzt die Schönheit der Masse, bereitet genußvolle Kontraste, verlaßt das rührende, das Euch liebgewordene ist durch ängstliche Gewohnheit, vergeßt die ewigen Gesimse, diese Kinder eines blinden Vaters, die nie von den Freuden des Lichts gekostet haben" (204).

So nahm er auf seine Weise die Forderung nach Charakteren wieder auf, mit der Blondel eher formelhaft begonnen und die Boffrand aus dem Blickwinkel poetischer Konventionen untersucht hatte; Ledoux aber wies das Paradox d'Alemberts ebenso zurück wie die Hierarchie der Bauaufgaben von Blondel. Alle öffentlichen Gebäude, einschließlich der bescheidensten Behausung, die die Regierung baute, sollten die gleiche Wirkung ausüben, alle, von der Strohhütte des Handwerkers bis zum Justizpalast, sollten einen Hauch des Erhabenen in sich tragen. Was für die Philosophen, einschließlich Hegel, später eine Ausdrucksform mit religiösem Ursprung wurde, eine Form des Erhabenen also, das die Geschichte schon hinter sich gelassen hat, war für Ledoux die einzig angemessene Sprache für einen Architekten, dessen selbstgewählte Rolle als irdischer Abgesandter des Schöpfers eine Ausdrucksform verlangte, die die neuen weltlichen Bauaufgaben heiligte.

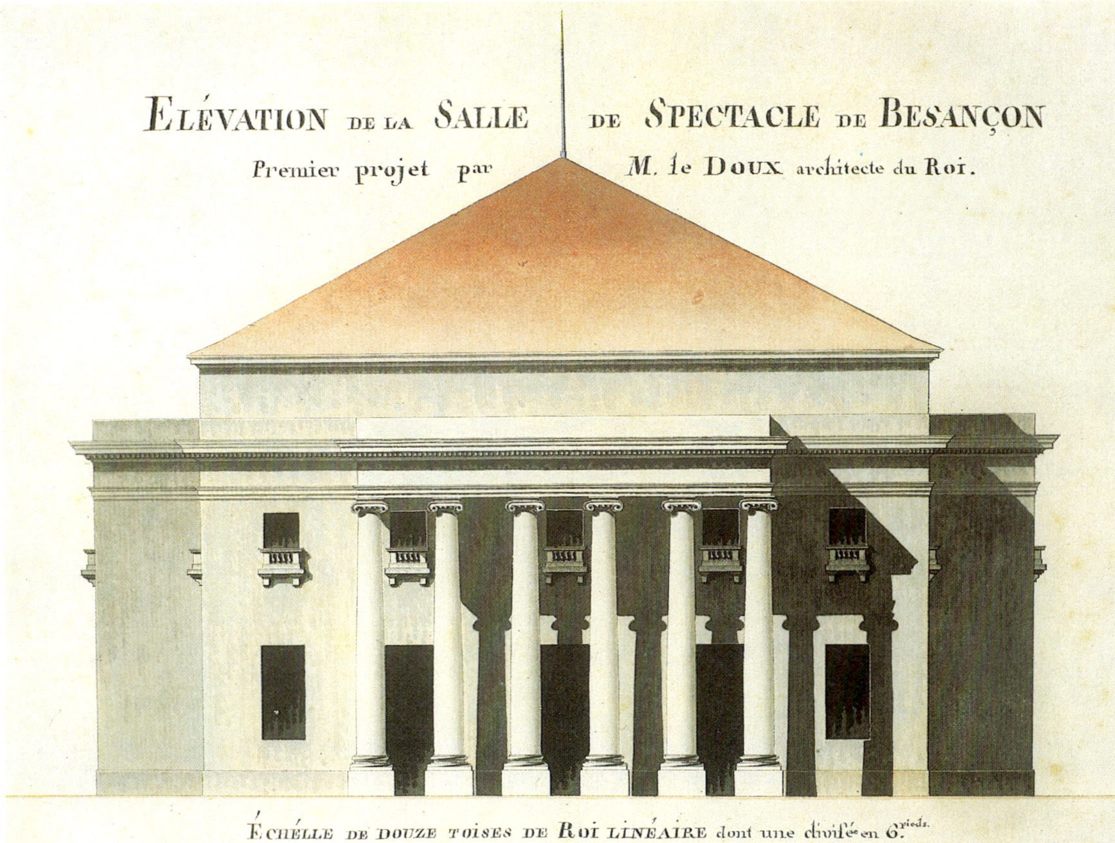
ELÉVATION DE LA SALLE DE SPECTACLE DE BESANÇON
Premier projet par M. le DOUX architecte du Roi.
ÉCHELLE DE DOUZE TOISES DE ROI LINÉAIRE dont une divisée en 6 pieds.

SECURITAS
PUBLICA

Entwurf für den Justizpalast von Aix, Längsschnitt.

Nächste Doppelseite:
Das Schloß von Bénouville.
Links: Eingangsperistyl.
Rechts: Blick in das Haupttreppenhaus.

REPUBLIQUE ET LE DEPARTEMENT
AUX MERES ET AUX ENFANTS

OUR

6. Die Antike in Frankreich

Links: Alleinstehende Säule in der Saône-Landschaft. Ein Zitat nach Motiven aus der französischen Antike.

> „Meine Phantasie verliert sich, wirft sich hinein in die prachtvollen Bauwerke, welche die Macht der Kaiser, den Glanz Karls des Großen der Nachwelt überliefern. Nichts kann den Strom dämmen, der sie davonträgt; sie dringt ein in jene Bögen, die den Überfluß tragen, (...) in jene Grotten (von Auxelles), die einst die Schätze der Caesaren bargen. Sie erbaut sich an den Spuren der Eroberungen, an den Triumphbögen (jenem von Besançon), die die Siege der Caesaren in unserer Erinnerung heraufrufen." (73)

Ledoux war erfahren in allen Techniken des Raumes, wie Burke ihn erfaßt und wie Kant ihn dann zur Kategorie erhoben hat; doch er arbeitete auch mit der Dimension der Zeit, mit der Geschichtlichkeit, die zum Leitmotiv des romantischen Historismus werden sollte. Was ihn darin von seinen Zeitgenossen unterschied, deren historische Bezugspunkte nur in Rom und im Kreis der Piraneser lagen, das war sein Gespür für eine andere Antike, jene der galloromanischen Zeit. Von 1770 an vertiefte Ledoux auf weiten Reisen durch Frankreich seine frühe Bindung an die mythischen Ursprünge der französischen Nation. Ihre Spuren, Überreste von Bauwerken und symbolischen Darstellungen, fand er in der Franche-Comté und der Provence: die Salinen von Salins aus römischer Zeit, die Porte Noire von Besançon mit ihren allegorischen Basreliefs, bis hin zu dem vollständigen Repertoire römischer Bautypen im Midi, in Nîmes, Arles, Orange, Marseille und Aix-en-Provence.[63] Die Erfahrungen von Arc-et-Senans hatten in ihm den Sinn für eine in der Region verankerte Antike geweckt, die einem Ort die ganze Autorität des Geschichtlichen verlieh.

[63] Dieser Enthusiasmus war auch bei seinen Zeitgenossen sehr ausgeprägt; siehe z. B. Charles-Louis Clérisseau, *Les monuments de Nismes,* 1778.

Gute Beziehungen zum Provinzadel in der Franche-Comté, vor allem zum Prince de Bauffremont – einem „homme de qualité", wie Ledoux betonte –, bestärkten hier seine Loyalität gegenüber einer *Noblesse,* deren Titel aus alter Zeit stammten und sie so an diesen alten Boden banden. Beim Besuch des Schlosses von Bauffremont in Scey-sur-Saône – Ledoux verwandte lieber den alten römischen Namen „Sesusone" – im Jahre 1778 war er hingerissen von den zinnenbesetzten Türmen und dem Wappenschmuck dieses mittelalterlichen Bauwerks und von der höfischen Nostalgie eines Festes, das mit scheinbar historischer Akkuratesse aufgrund der Studien von La Curne de Sainte-Palaye ausgerichtet worden war.[64] Sein eigenes Projekt einer Inszenierung von Bauffremonts *retour de chasse* hielt Ledoux in strengem antikem Stil, doch alle Wände wurden buchstäblich überdeckt, als würde Leinwand bemalt oder ein Wandteppich darübergespannt, mit dem Adelsschmuck des Prinzen und seiner Jagdgefährten. In dieser Illusionsarchitektur, dieser Verbindung von bleibender Konstruktion und Szenerie des Augenblicks, fand Ledoux eine mögliche Lösung für seine Ästhetik der Darstellung und Repräsentation. Es war eine zugleich theaterhafte und theatralische Ästhetik, gewidmet, in Ledoux' Worten, einer Rhetorik der *persuasion,* des überzeugenden Eindrucks.

[64] *Mémoires sur l'ancienne chevalerie,* Paris 1749.

Die zeitgemäße bildhafte Emblematik, die Ledoux schuf, schöpfte nicht nur aus dem ikonographischen Repertoire von Zeitgenossen wie Fischer von Erlach, Piranesi und Delafosse, sondern orientierte sich auch an galloromanischen Vorbildern. Der Entwurf für einen Triumphbogen in Kassel beispielsweise war keineswegs, wie des Landgrafen Architekt behauptete, „im Geschmack der Porte Saint-Denis" gehalten; eher scheint

Zwei Vorbilder von Ledoux: Oben der Triumphbogen und das Mausoleum von Jules in Saint-Rémy-de Provence, unten die Karlskirche in Wien von Fischer von Erlach.

er der Porte Noire von Besançon zu entsprechen mit ihrer reichen Serie allegorischer Basreliefs, die von geometrischen Feldern eingerahmt sind. In einem Brief an Friedrich II. erläuterte Ledoux sein ästhetisches Programm einer emblematischen Rhetorik:

> „Man sollte die Säulen mit Basreliefs versehen, entweder in einer Spirale wie auf der Trajanssäule angeordnet, oder auf den einzelnen Säulentrommeln, wobei man in bestimmten Abständen glatte Steine vorsehen sollte, um die geschmückten besser hervortreten zu lassen. Auf diese Weise kann man die verschiedenen Stationen im Leben des Prinzen darstellen, den es zu ehren gilt. Man zeigt seine Tugenden als Bürger und Held, seine Allianzen, seinen Geschmack für die schönen Künste und die Wissenschaften und so weiter."[65]

In seinem Entwurf stellte Ledoux zwei monumentale Säulen, frei nach dem Vorbild von Fischer von Erlachs Karl-Borromäus-Kirche in Wien gestaltet, vor den sehr zurückgenommenen Triumphbogen; der Schmuck entsprach jener Maxime, der Ledoux schon beim Entwurf der Saline gefolgt war: „Gute Ornamente müssen einzeln stehen, und sie dürfen von keiner Baumasse beherrscht werden, die ihnen schaden oder sie beengen kann" (12).

In der Folgezeit baute Ledoux diesen emblematischen Stil zu einer Art hieroglyphischer Sprache aus und verband ihn, in seinen städtischen Bauten der achtziger Jahre, mit dem Konzept des *Typus,* das er ebenfalls aus der galloromanischen Antike gewonnen hatte. Seine historischen Anspielungen wurden so in ein einfaches und leicht faßbares Modell eingebunden. Ledoux entwickelte diese regional orientierte Typologie an den Theatern von Besançon und Marseille, an dem Justizpalast, den Gefängnissen, der Gouverneursresidenz und dem Palais des Erzbischofs in Aix und Sisteron; er tat es mit einer Mischung aus Respekt vor den historisch gesättigten Überresten einer heroischen Zivilisation und souveräner Mißachtung jeder historischen Akkuratesse, die deren Anpassung an moderne Konzepte entgegengestanden hätte. „Die Bauwerke der Antike zeigen in ihren Fragmenten, welcher Art sie auch seien, einen Charakter, der unseren Respekt erheischt. Jene der modernen Architekten könnten die Grundlagen unserer Bildung befestigen helfen, wenn sie sich aneigneten, was diese uns zu Nutzen bereithalten" (109).

[65] Brief Ledoux' vom 16. Januar 1776 an den Landgraf Friedrich II. von Hessen-Kassel, Staatsarchiv von Marburg, zitiert in: M. Gallet, *Claude-Nicolas Ledoux,* Stuttgart 1980.

Links: Die Porte Noire in Besançon. Die gekennzeichneten Umrisse, die innerhalb des Bogens erscheinen, sind spätere Zutaten, die bei der Wiederherstellung entfernt wurden.
Rechts: Schnitt durch einen der Endpavillons am Triumphbogen in Kassel.

7. Visionen des Theaters

„Unsere Theater (...), als Werke der Baukunst betrachtet, stecken noch in den Kinderschuhen und lassen vieles zu wünschen übrig: an Reinheit der Sitten, Solidität, Sauberkeit, Annehmlichkeit und allgemeiner Wirkung. Besonders dieser letzte Punkt wurde sehr vernachlässigt, obwohl es doch, wie jedermann weiß, zum Vorteilhaftesten einer Aufführung gehört, daß man alles sieht und alles gut gesehen wird." (222)

Das neue Theater von Besançon wurde 1784 eröffnet. Seine Innenausstattung war zu diesem Zeitpunkt noch nicht vollendet. Doch sein Entwurf war viel früher entstanden, parallel mit jenem der Saline von Chaux.[66] Der Auftrag wurde kurz vor August 1775 erteilt, Ende des Jahres lagen die Vorentwurfszeichnungen vor, und im Dezember 1776 war ein Modell des endgültigen Entwurfs fertiggestellt. Daß die beiden Entwürfe für ein Theater und für eine kleine Stadt zur gleichen Zeit entstanden, war für beide von großer inhaltlicher und formaler Bedeutung. Ledoux betonte, daß er das eine Projekt als Mikrokosmos des anderen verstand, und nahm die Zeichnungen des Theaters in den ersten Band seiner *Architecture* auf: als Ausdruck der inneren, sowohl räumlichen wie architektonischen Nähe zwischen Saline und Theater, zwischen Theater und Utopie. Am offensichtlichsten sind beide Entwürfe durch ihre geometrischen Ordnungen verbunden: Die halbkreisförmigen Anlagen sowohl der Saline wie des Auditoriums sind aus antiken Theatern abgeleitet. Doch die Parallele zielte auch auf die Ebene des sozialen Gehalts, einmal als Analogie zwischen Theater und Gesellschaft, zum anderen als komplexe Allegorie der Vorstellungen, die Ledoux von sozialen und politischen Reformen und ihrer öffentlichen Darstellung hegte.

[66] Vgl. J. Rittaud-Hutinet, *La vision d'un futur. Ledoux et ses théâtres,* Lyon 1982.

In einem Brief an den Intendanten der Franche-Comté, Charles-André de Lacoré, verfaßt im August 1775 nach einem Besuch in Besançon, der möglicherweise mit der Grundsteinlegung für die Saline zusammenhing, entwarf Ledoux sein Theaterprojekt in großen Zügen und legte auch einige Skizzen bei. Ausschnitte dieses Briefes übernahm er mehr als fünfundzwanzig Jahre später fast unverändert in die *Architecture;* an ihnen läßt sich ablesen, wie sehr er sich bereits der gesellschaftlichen und architektonischen Reform des Theaters verpflichtet fühlte. Ganz ernsthaft sprach er davon, daß sein Unterfangen „eine neue Religion stiften" solle: „Laßt uns zu den Grundlagen zurückkehren", heißt es, „laßt uns die Jahrhunderte der Unwissenheit mit Füßen treten." Viel realistischer schrieb er aber auch abwägend von den Schwierigkeiten, die solche einer Hauptstadt angemessenen Ambitionen in einer kleinen Provinzstadt zu überwinden hätten; er sieht voraus, „daß ich bei der ersten Präsentation wie ein Narr dastehen werde; doch wenn man mir zuhört bis zum Schluß, hoffe ich Stimmen gewinnen zu können"[67].

[67] Archives du Doubs, C 40.

Ledoux' Befürchtungen scheinen gerechtfertigt angesichts der Schwierigkeiten, denen Charles de Wailly und Peyre bei ihrem gleichfalls radikalen Entwurf für das Théâtre-Français (das heutige Théâtre de l'Odéon) begegneten. Doch tatsächlich ergab sich die zehnjährige Verzögerung in Besançon weniger aus den architektonischen Neuerungen denn aus einem langwährenden Streit, der zwischen De Lacoré und dem Magistrat der Stadt herrschte und den geeigneten Standort des neuen Theaters

Nächste Doppelseite:
Links oben: Das Theater von Besançon.
Links unten: Stadtplan von Besançon 1786.
Rechts oben: Das Théâtre de l'Odéon von Charles de Wailly.
Rechts unten: Stich des Theaters von Besançon (aus: *l'Architecture...*, Tafel 117).
Übernächste Doppelseite: Detail aus dem perspektivischen Schnitt durch das Theater von Besançon (aus: *l'Architecture...*, Tafel 119).

betraf. In der Absicht waren Magistrat und Intendant sich einig: Mit den Worten des letzteren gesprochen, ging es hier um ein Bauwerk, „das alle Vorzüge, die selbst Paris begehren würde", in sich vereinen sollte, „und dessen Ausmaße imstande sind, das Genie der fähigsten Künstler Frankreichs zu entfachen und, wenn möglich, vor unseren Augen die Antike wiedererstehen zu lassen"[68]. Grundsätzlich unterschiedlicher Ansicht aber waren die beiden Parteien – die unabhängige und selbstbewußte Stadtregierung auf der einen, der Repräsentant der Monarchie auf der anderen Seite – in der Frage, an welchem Standort sich diese zentrale Stellung des Theaters denn manifestieren sollte. De Lacoré sprach sich für ein Grundstück nahe der neuen Intendantur aus, die er gerade vollenden ließ; es lag im geometrischen Mittelpunkt jenes Stadtteils von Besançon, der vom Doubs umschlossen wird, und war bebaut mit einer als *Transmarchement* bekannten Gruppe von Wohnhäusern und Geschäften. Der Magistrat hingegen, als Vertreter der gesamten Stadt einschließlich der Garnison und der einfacheren Quartiere auf der rechten Flußseite, setzte sich für einen Bauplatz im Geschäftszentrum vom Besançon ein, an der Place Neuve, nahe der Brücke, die beide Teile der Stadt über den Fluß hinweg verband.

Mit viel politischer Finesse trug der Intendant schließlich den Sieg über die sture Stadt davon. Gleichwohl ist der scheinbar belanglose Disput keineswegs nur als Konfrontation zwischen zentraler und lokaler Macht zu verstehen. Er beruhte auf einem fundamentalen Widerspruch zwischen einer ökonomisch orientierten und bevölkerungsnahen Sicht städtischer Entwicklung und einer aristokratischen Vision von urbaner Prachtentfaltung. Die beiden „Zentren" von Besançon symbolisierten genau diese Spannung: die Place Neuve als architektonisch bedeutungsloses, aber für die Stadtbevölkerung lebenswichtiges Handelszentrum stand gegen einen neu anzulegenden Platz, der als würdige Umgebung eines Theaters die kulturfördernde, der Aufklärung verpflichtete Tätigkeit des Intendanten unter Beweis stellen würde. Mehr noch: die Debatte markierte eine entscheidende Wendung im Verständnis dessen, was Theater sei. Bisher hatte Theater entweder als Privatvorstellung in den Appartements aristokratischer Stadtvillen stattgefunden, oder aber als populäres Spektakel auf Marktplätzen, Festwiesen und Ballspielplätzen. Jetzt und für alle Zukunft stellte man das Theater in den Schutz eines öffentlichen Bauwerks und sicherte ihm so einen festen Platz unter den Vergnügungen des Provinzbürgertums. Geführt von der zentralen Verwaltung, offen für die wohlerzogene arbeitende Bevölkerung, entwickelte sich das Theater nun zu einer professionell betriebenen Einrichtung, in der ein aufmerksames Publikum die ästhetischen Werte dramatischer Kunst schätzen lernte. Die Verkörperung dieses vergleichsweise neuen Verständnisses von Theater in einer neuen Baugattung – „dem Theater" – bedeutete, so Ledoux, auch die

[68] Vgl. „Reflexions du Magistrat de Besançon sur le projet de construire une salle de spectacles", 24. Juli 1776, Archives municipales de Besançon, DD 35, Absatz 36.

AVENIR PUBLICITÉ
CLAUDE JANIELLE
JACQUES BLOCH

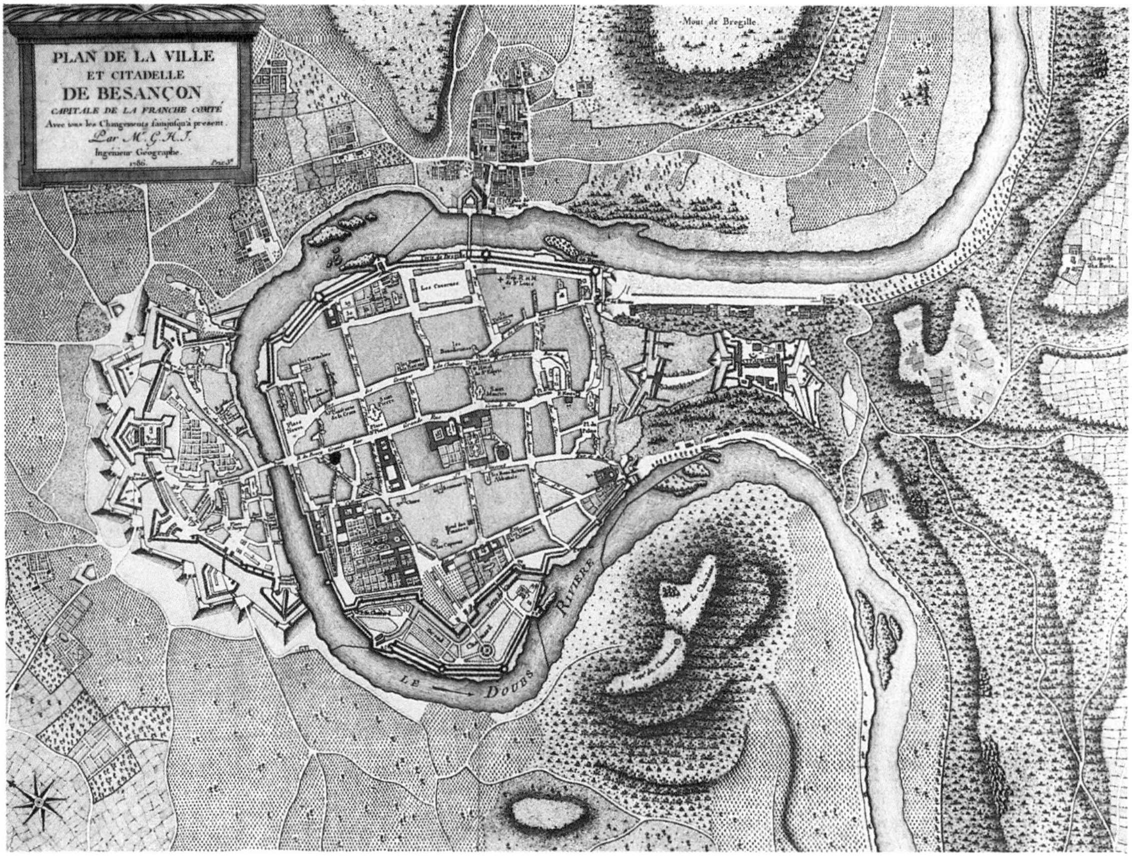
PLAN DE LA VILLE
ET CITADELLE
DE BESANÇON
CAPITALE DE LA FRANCHE COMTÉ
Avec tous les Changements faitjusqu'à present.
Par M.r G.H.J.
Ingénieur Géographe.
1786.
Prix 3.tt
Mont de Bregille
LE DOUBS
RIVIERE

umfassende Ablösung sowohl der aristokratischen wie der populären Traditionen dieses Genres.

Ledoux' Konzept entstand während einer leidenschaftlichen Diskussion über das öffentliche Theater, die von Philosophen, Kritikern und Architekten seit der Jahrhundertmitte geführt wurde.[69] Darin ging es nicht nur um die Frage nach der eigentlichen Natur des Theaters – wie bei Voltaires Versuch einer Wiedergeburt der Tragödie aus dem Geist der Antike oder bei Diderots Definition des Bürgerlichen Trauerspiels –, sondern auch um ästhetische Fragen der *mise en scène* und der Aufführungspraxis, besonders hinsichtlich ihrer sozialen und moralischen Wirkungen. Von Diderots Überlegungen zur Glaubwürdigkeit des Schauspiels, zur Sprache der Gesten und zur Moralität des Stücks, über Rousseaus grundsätzlichen Angriff gegen das Theater als einer Brutstätte der Immoralität, bis hin zu den Reformprojekten von Rétif de la Bretonne und Sébastien Mercier: alle zielten sie auf ein neues Drama, auf ein neues Publikum, auf einen neuen Raum, alle wandten sie sich auf der Suche nach Vorbildern der Antike zu. Mit Bezug auf die Essays von Diderot erläuterte Jean-Claude Bonnet: „Man will an die Antike anknüpfen, indem man das Theater in seiner pädagogischen und sozialen Funktion erneuert. Das impliziert eine nationale Kulturpolitik mit der Einrichtung von Schauspielschulen sowie eine neue Architektur der Theatersäle."[70]

Tatsächlich hatten auch einige Architekten eine solche Rückkehr zu antiken Urformen zumindest im Grundsatz angestrebt – unter dem Einfluß jener entscheidenden Italienreise, die Soufflot von 1749 bis 1751 in Begleitung von Cochin und Dumont unternommen hatte.[71] Soufflot selbst übernahm eine – wenn auch stark veränderte – Version des römischen Amphitheaters in Lyon; auch Cochins *Projet d'une Salle de Spectacle* von 1765 und Charles de Waillys erstes Konzept für das Théâtre-Francais von 1769 bezogen sich auf antike Amphitheater. Der „natürliche" Charakter ihrer Grundrisse schien die spontane Versammlung von Zuschauern um einen Schauspieler an einem Hang nachzubilden. Über den römischen Typus, wie er in Herculaneum ausgegraben worden war, hatten Cochin und Bellicard schon 1754 berichtet – und damit schien der am meisten kritisierte Aspekt des traditionellen Theatersaals überwunden: seine rechteckige Form und seine übereinander angeordneten Reihen von Logen, die eine adäquate Beziehung zwischen Zuschauenden und Spielenden unmöglich machte.[72]

Doch jede Neuordnung des Zuschauerraums stellte zugleich auch einen unvermeidlichen Angriff auf die Privatlogen dar. Sie dienten mit ihrer hierarchischen Ordnung der Repräsentation und Prachtentfaltung und erfüllten so die gesellschaftlichen Bedürfnisse eines Publikums, dem gesehen werden wichtiger war als zu sehen. Logen galten als eine Erweiterung des

[69] Vgl. H. Lagrave, *Le théâtre et le public à Paris de 1715–1750,* Paris 1972; Y. Belavel, *L'Esthétique sans paradoxe de Diderot,* Paris 1750.

[70] Jean-Claude Bonnet, *Introduction à Diderot, Le Neveu de Rameau,* Paris 1983, S. 35.

[71] Daniel Rabreau, „Autour du voyage d'Italie (1750)", in: *Bollettino del centro internazionale di studi di architettura Andrea Palladio,* 1975.

[72] Charles-Nicolas Cochin, C. Bellicard, *Observations sur les antiquités de la ville d'Herculanum,* Paris 1754.

eigenen Salons. Ledoux verachtete diese *cages de bois* – Holzkäfige (219); sie waren für ihn „ähnlich jenen großen Volieren, in denen die farbenprächtigen Geschöpfe der Lüfte von den Herrschern der Erde auf hohe Stangen gesetzt werden" (220). Ebenso kritisch betrachtete er das traditionelle *parterre,* den großen Raum für Stehplätze zwischen vorderer Logenreihe und Bühne: Es sei „eine Schafskoppel", „ein tiefer Graben, in dem Leidenschaften jeder Art aufgewühlt werden, in dem der Atem des Publikums Verderbnis ausströmt und die Gifte, die er aufnimmt, immer von neuem verbreitet" (219). Vollends verstörend für alle, denen das Spiel wichtiger war als die versammelte Gesellschaft, war der in der Provinz immer noch gepflegte Brauch, Ehrensessel auf die Bühne zu stellen und das Orchester ins Publikum zu verbannen.

Als Lösung für diese Probleme waren die unterschiedlichsten Raumformen vorgeschlagen worden, vom reinen Halbkreis über Oval, Hufeisen und Glocke bis zum Dreieck; Fragen der Akustik, der Lüftung und des Brandschutzes mischten sich in den Streit um die ästhetische Konzeption eines Theaters. Ein Befürworter der elliptischen Form, Pierre Patte, zeigte anhand detaillierter Berechnungen, daß die vorgebliche Nutzbarkeit des antiken Halbkreises für all die Reformen, die Dramatiker und Moralisten anstrebten, kaum zu beweisen sei. Auf alle Fälle stieß die gleichsam egalitäre Sitzordnung eines Amphitheaters auf den entschiedenen Widerstand des Hofs und der Aristokratie: in ihren Augen war sie ein Verstoß gegen die Hierarchie.[73] Ledoux zufolge lag hier der Grund dafür, warum die *Maitresse* des Abbé Terray den Entwurf De Waillys abgelehnt hatte.

[73] Pierre Patte, *Essai sur l'architecture théâtrale,* Paris 1782.

Mit seinen eigenen Plänen jedoch forderte Ledoux kaum Widerstand heraus. Er fand Unterstützung bei Trudaine, einem Freund Diderots und dem Übersetzer Lessings, beim Maréchal de Duras, dem Gouverneur der Franche-Comté und passionierten Theaterfreund, und auch beim Intendanten De Lacoré. Sein Projekt beruhte auf einem bestimmten Ordnungsprinzip, das er selbst *Le système progressif* nannte. Im Ansatz berief er sich dabei auf eine Argumentation von Soufflot und Danum, die Prinzipien der Natur zur Ergänzung der römischen Vorbilder herangezogen hatten:

> „Als Vorbild mögen uns die einfachsten Handlungen der Menschen dienen (...) Wie zum Beispiel versammelt man sich auf einem öffentlichen Platz um einen Marktschreier, wenn man ihn gut verstehen will? Alles drängt sich um ihn in einem Kreis, der Stärkste kommt ihm am nächsten, der Schwächste steht am weitesten entfernt; doch wenn der Radius klein genug ist, ist derjenige, der da schreit, von allen Anwesenden gleich gut zu verstehen."[74]

[74] Archives du Doubs, C 40.

Ledoux nahm diese Metapher beim Wort und kehrte die traditionelle Sitzordnung um: „Der Stärkste, das heißt, wer am meisten bezahlt, sei am

Oben: Detail des Dekkenentwurfs für das Theater von Besançon. Unten: Blick in den Theatersaal.

nächsten (...), wer am wenigstens bezahlt, am weitesten entfernt." Sein erster Entwurf, von dem nur noch ein Schnitt und ein Übersichtsplan existieren, sah ein stufenförmig ansteigendes Auditorium vor. An die Stelle des alten *parterre* trat ein Amphitheater für die zahlenden Gäste; darauf folgten zurückgesetzte offene Logen für die Offiziere der Garnison, wohlhabende Damen und den Zweiten Stand; schließlich fand das *parterre* für die ärmeren Stadtbürger einen neuen Platz ganz oben, im *paradis* oder Olymp.

Entgegen seinen eigenen Forderungen nach einem reinen Halbkreis und nach Anerkennung des antiken Rom als Autorität hatte Ledoux damit – im Grundriß wie im Aufriß – die gleichmäßige Abstufung des Saales zugunsten der hierarchischen Gesellschaftsordnung verändert. Ähnlich wie in dem Projekt von Charles de Wailly zeigte der Saalentwurf einen glockenförmigen Grundriß; zu einem Halbkreis rundete er sich erst durch die sechs Reihen des neuplazierten *parterre*.

Im endgültigen Entwurf waren Grundriß und Schnitt des Saales noch genauer auf die sozialen Verhältnisse in Besançon abgestellt. Das Amphitheater hieß nun *le parquet*, als Reminiszenz an die vormaligen Ehrenplätze auf der Bühne; im neuen *parterre* trennte eine dorische Säulenreihe in palladianischem Stil die Garnisonssoldaten von den Zivilisten. Und als das Haus dann endlich stand, hatte es alle sozialen und ökonomischen Schranken wieder in sich aufgenommen: es gab geschlossene Proszeniumslogen für Personen königlichen Geschlechts und für die Günstlinge des Intendanten, mit einem Geländer versehene Logenreihen unter der Galerie, die für ein ganzes Jahr zu mieten waren, dann das *parquet* für die Großbourgeoisie, die Galerie auf gleicher Höhe mit den königlichen Logen für höhere Garnisons-Offiziere und Polizei, einen ersten Rang für Adlige – er war auf Befehl von De Lacoré für Bürgerliche nicht zugänglich –, einen zweiten Rang für das ehrenwerte Bürgertum (an den Seiten) sowie für Arbeiter und Verkäuferinnen (in der Mitte), einen dritten Rang, in dem Männer und Frauen getrennt saßen (das *parterre* der früheren Entwürfe), und schließlich hinter den Säulen Reihen für Bedienstete und Soldaten.

Diese Ordnung, die nicht nur den Verwaltungsvorschriften Genüge tat, sondern mit architektonischen Mitteln noch besonders sinnfällig gemacht wurde, erfüllte in vielfältiger Weise die gesellschaftlichen Aufgaben des Theaters: sie entsprach Ledoux' explizitem Ziel, „alle Stände zu befriedigen", sie beseitigte die Gefahr sozialer Unordnung im *parterre* – „die Kabale wird aufhören" –, und sie bot Sitzplätze für alle Zuschauer, so daß „man vernünftiger über die Dramatiker urteilen wird"[75]. Außerdem hatte es Ledoux am Herzen gelegen, die geschlossenen Logen zu beseitigen, die, so glaubte man, zu unsittlichem Verhalten verführen würden. In diesem Punkt folgte er Rousseaus Tiraden im „Lettre à d'Alembert" (1758) und in

[75] ebd.

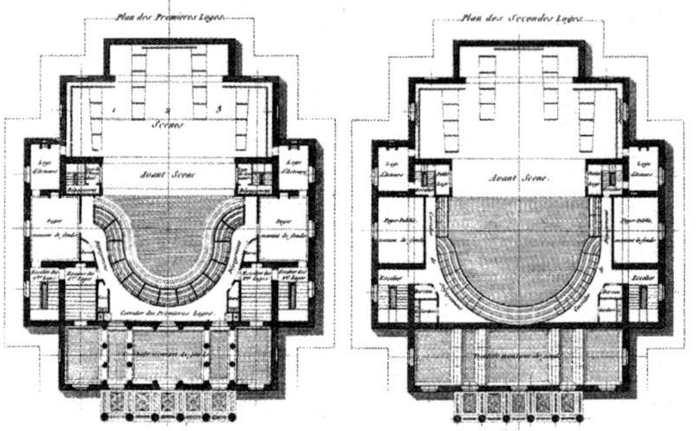

Grundrisse für den ersten und zweiten Rang des Theaters von Besançon (aus der *Edition Ramée*, Tafel 74).

der „Nouvelle Héloise" (1761) gegen die Ausschweifungen in den Pariser Theatern: „Es ist ein Verbrechen gegen das Griechentum, daß man der Obszönität Baudenkmäler errichtet hat" (220). Nun endlich saß das Publikum offen im Saal und konnte auch während der Vorstellung nicht nur sehen, sondern stets gesehen werden. Wiederum der gleiche Schluß wie bei Rousseau: Transparenz fördert die Sittlichkeit.[76]

[76] Jean-Jacques Rousseau, Brief an d'Alembert über das Schauspiel (1758) in: *Schriften I*, München 1978; *Julie oder Die neue Héloise. Briefe zweier Liebenden aus einer kleinen Stadt am Fuße der Alpen (1761)*, München 1978.

Neben den visuellen Vorzügen führte Ledoux auch akustische Eigenschaften ins Feld. Die Konzeption des Grundrisses als Amphitheater ergab einen halbkreisförmigen Raum, der die „universelle Harmonie der Welt" (229) abbildete und alle Töne richtig proportioniert weiterleitete. So verband Ledoux eine Erneuerung der Harmonievorstellungen aus der Renaissance mit Vitruvs Konzept der klingenden Räume. Vor allem aber gab er dem Orchester einen eigenen, angemessenen Platz, einen Orchestergraben zwischen *parterre* und Bühne, in dem eine gekrümmte hölzerne Wand die Töne reflektierte. Der Klang wurde tiefer und tragender, das Orchester stand nicht mehr störend zwischen Bühne und Saal.

Das Versenken des Orchesters, gleichsam eine Vorwegnahme von Richard Wagners „magischem Graben", lenkte den Blick der Zuschauer nun auf den Bogen der Vorbühne. Es war das Fenster zur Bühne, wie Ledoux sagte.[77] Er markierte zugleich den Übergang zwischen Wirklichkeit und Fiktion, zwischen der Gesellschaft und ihren Illusionen. Zu diesem Zweck mußte er nahtlos sein, „ein ebener Körper", und doch einen eigenen Raum bilden, „eine eigenständige Zwischenzone, die die Bühnenhandlung von allem Äußeren trennt" (221). Also blieb er undekoriert – bis auf die gemalten Basreliefs auf den Giebelfeldern, wieder in Anlehnung an die Porte Noire –, und sein Umriß ähnelte der Form des menschlichen Auges, vielleicht ähnelte er aber einer jener Brücken, die Ledoux als visuelle Rahmen konstruiert hatte. Der Bezug zum Auge ist unmittelbar und unzweideutig: in dem Stich *Coup d'oeuil du Théâtre de Besançon* wird der Blick von einem ähnlichen geometrischen Rahmen begrenzt, von dem über einer Pupille liegenden Augenlid und von den Rundungen der Pupille selbst. Der Stich gibt den Anschein, als schaute man durch eine Pupille auf einen leeren Theatersaal und zugleich auf die Spiegelung des Saals in der Pupille. Auf eben diese Weise treffen sich im Proszenium, einander spiegelnd, der Blick des Schauspielers und der Blick des Zuschauers.

[77] H. Leclerc, „Au théâtre de Besançon (1775–1784), Claude-Nicolas Ledoux réformateur et précurseur de Richard Wagner", in: *Revue de l'histoire du théâtre*, X, 1958.

Wer durch diesen natürlichen Rahmen auf die Bühne sah, auf diesen „wahren Ort magischer Illusionen" (231), der sah drei Bühnen vor sich. Wie Cochin vor ihm hatte Ledoux hier vermutlich auf Palladio zurückgegriffen und zugleich auf den ersten Entwurf von De Wailly, der sich wiederum an Voltaires Vorwort zur *Sémiramis* orientiert hatte, als er mit Hilfe einer geteilten Bühne die gleichzeitige Vorstellung an drei Orten ermöglichen wollte.[78] Ledoux verzichtete allerdings auf die trennenden Säulen und ver-

[78] Charles-Nicolas Cochin, *Projet d'une salle de spectacle*, Paris 1765; Archives nationales, 01 846,8.

einte die Bühnen unter einem einzigen Bogen, so daß die Verbindung zwischen allen drei Teilen des Bühnenbilds hergestellt wurde. Der Bühnenbildner Dard de Bosco gestand seine Ratlosigkeit vor dieser *folle idée* des Architekten, gab allerdings zu, daß sie neu sei.[79]

Ledoux selbst hat einige Bühnenentwürfe gestaltet, unter anderem einen Salon mit Galerie, einen öffentlichen Platz und vor allem jenen spektakulären Entwurf, der auf einem Querschnitt durch das Theater zu sehen ist. Hinter einem mit Rustika verkleideten Proszeniumsbogen öffnet sich die gewaltige, diagonal gestellte Halle einer Basilika, mit einer Reihe riesiger korinthischer Säulen vor den Mauern und einem Tonnengewölbe mit Kastendecke. An die Stelle der Apsis, die man als Abschluß der Basilika im Hintergrund erwarten würde, setzte Ledoux ein Abbild des Amphitheaters, des Zuschauerraums, wiederum durch den Bogen des Proszeniums gesehen. So sah das Publikum ein Bild seiner selbst, ein Spiegelbild des Saales auf der Bühne. Anlaß für diese raffinierte Illusion mag eine bestimmte Tradition der Darstellung gewesen sein, der Ledoux sich verbunden fühlte: Man pflegte der Öffentlichkeit einen Theaterentwurf in Form eines Stiches zu präsentieren, auf dem die Bühne als Festsaal für die offizielle Eröffnung abgebildet war. Die Premierenvorstellung des Theaters war eine bühnengerechte Umsetzung der Eröffnungszeremonie. So erklärt sich die Spiegelung des Saals im Bühnenbild, aber auch dessen steil diagonale Perspektive: die Eröffnung des Theaters in Besançon im August 1784 fand nämlich in Gegenwart höchster Persönlichkeiten statt, vor allem des Prince de Condé, Gouverneur von Burgund, und seines Sohnes, des Duc de Bourbon. Das Register des Rathauses verzeichnet „ein Spektakel vom Rang einer Thronbesteigung", also eine Aufführung, die die Einweihungs-Zeremonie selbst zum Thema machte.[80] Dem Prinzen und seinem Sohn waren Plätze in der königlichen Loge zugedacht, und diese wiederum lag, dank besagter Perspektive, in der Achse des fiktiven Theatersaals. Allerdings erwies sich all dieser geometrische Aufwand als etwas zu hoch selbst für die beiden hohen Gäste: „Nachdem sie ihre Logen gesehen und begutachtet hatten, zogen sie es vor, in der Mitte der Galerie gegenüber der Bühne Platz zu nehmen."[81]

Ledoux' Analogie vom Theater als einem Mikrokosmos der Stadt, schreibt Daniel Rabreau, beschränkte sich nicht auf die besonderen Umstände in Besançon.[82] Doch seine Vision hatte hier ihren vollkommenen Ausdruck gefunden: im Bild eines Publikums, das sich über die Bühne gleichsam in die Stadt hineinbewegt, das andererseits über sein Spiegelbild auf sich selbst zurückgeworfen wird, das heißt auf ein Theater, in dem wiederum die Stadt repräsentiert ist. Dreißig Jahre nach der Einweihung des Theaters von Besançon hat Karl Friedrich Schinkel eine ähnliche Wirkung mit seinem Bühnenbild zur Eröffnung des Berliner Schauspielhauses

[79] Archives municipales de Besançon, DD 35, 123.

[80] E. de Ganay, „La salle de spectacle de l'architecte Ledoux à Besançon", in: *Revue de l'art ancien et moderne*, 52, 1927, S. 17.

[81] ebd.

[82] Vgl. Daniel Rabreau, „Des scènes figurées à la mise en scène du monument urbain", in: *Actes du colloque Piranèse et les Français*, Rome 1978.

Oben: *„L'Abri du pauvre"*, die Behausung des Armen (aus: *l'Architecture . . .*, Tafel 33).
Unten: *„Elévation du cimetière de la ville de Chaux"*, Aufriß des Friedhofs von Chaux (aus: *l'Architecture . . .*, Tafel 100).

erzielt. Der Platz des Königs, auf den die Perspektive auch hier ausgerichtet war, lag im Zentrum des Zuschauersaals; das Bild zeigte das Opernhaus selbst, als würde man es von den Privatgemächern des Schlosses aus erblicken, ohne daß andere Häuser im Weg stünden. In ebenso komplexer Manier, wie Ledoux es getan hatte, konstruierte Schinkel eine perspektivische Sicht der Stadtlandschaft für den Blickwinkel des Königs.

Ledoux sah im Theater, wie der *Coup d'oeil* zeigt, weniger den pittoresken als vielmehr den sozialen Aspekt; es mußte, um einer umfassenden Verdammung wie der Rousseaus zu entgehen, seinen Platz unter den sittlichen Einrichtungen der Gesellschaft finden und zu einem Ort der *instruction publique* werden. Das Publikum auf den Rängen würde nicht nur durch die Betrachtung der moralischen Bilder auf der Bühne lernen, sondern auch vom Anblick seiner selbst: jeder Stand zeigte sich nach seinen Möglichkeiten gekleidet, jeder fand einen seiner sozialen Position gemäßen Platz. Wie Rousseau, jedoch mit gegenteiliger Absicht, ließ sich Ledoux vom Bild volkstümlicher Spektakel inspirieren, wo sich die Leute spontan im Freien auf den Stufen eines provisorischen hölzernen Stadions versammelten und selbst das Theater ausmachten:

„Hier, (...) wo der Mensch auf seinen natürlichen Zustand zurückgeführt ist, findet er die Gleichheit, die er niemals hätte verlieren dürfen. Hier, in diesem großen Theater, von Wolken getragen, von Kreis zu Kreis aufsteigend, berührt er das Geheimnis der Götter" (223).

In der natürlichen Ordnung des Kreises und, im doppelten Sinne, im „Paradies" sitzend, würde das Publikum durch Nachahmung seine ursprüngliche Unschuld wiederfinden: So lautet die zentrale Aussage der Gruppe allegorischer Stiche in der *Architecture.* Der *Coup d'oeuil* des Theaters steht in der Mitte, auf der einen Seite *l'Abri du pauvre,* die Darstellung eines Wilden, der nackt und einsam und zitternd unter einem Baum die Götter in den Wolken über ihm um Hilfe anfleht, und auf der anderen Seite *l'Elévation du cimetière,* eine Darstellung des Universums mit Planeten und der halb von Wolken verdeckten Erde.[83] Als wollte er die Stellung des Theaters als Mikrokosmos noch betonen, ließ Ledoux die Decke des Theatersaals wie eine Zeltplane über einem offenen Saal mit Apollo und seinen Begleitern im Strahlenkranz einer goldenen Sonne bemalen. Sie stehen im Zentrum eines Kreises, der den Halbkreis des Amphitheaters ergänzt. Wahrscheinlich hat Ledoux diese Allegorie auf sich selbst bezogen: wie er seine Rolle als Architekt darin sah, die Armen zu schützen, die Toten zu beherbergen und die Lebenden zu erziehen, so setzte er hier den Künstler mit einem Sonnengott gleich, als Anspielung auf den Sonnenkönig Ludwig XIV., dessen klassische Baudenkmäler er sehnsüchtig in der Erinnerung trug. Auch in seinem niemals realisierten Entwurf für das Theater von Marseille versäumte Ledoux nicht, über den Eingangsporticus das Abbild Apolls mit Wagen und Quadriga zu setzen.

[83] Diese „Allegorien" von Architektur und Natur können also auch als „Inszenierungen" oder sogar „Übungen" für die Rolle des Architekten interpretiert werden, die als Aufgabe zur theatralischen Überhöhung der sozialen Welt aufgefaßt wird.

Justizpalast in Aix, Schnitte (aus der *Edition Ramée,* Tafeln 57 und 58).

8. Monumente der Gerechtigkeit

„Die Gesetze kommen den Sitten zu Hilfe. Der lichte Tempel der Gerechtigkeit bildet eine heilsame Gegenkraft zu den dunklen Orten des Verbrechens, und nie dürfen sie die Unschuld überschatten." (3)

Während es Ledoux beim Theater von Besançon noch gelungen war, die Rückkehr zur Antike in einen angemessenen modernen Mantel zu kleiden, wurde bei seinen Entwürfen für das *Palais de Justice* in Besançon die Wahl zwischen Antike und Moderne schwierig und unausweichlich: der Schutz einer historischen Struktur mit wirklichen Reststücken aus der römischen Zeit stand gegen den notwendigen Abriß beim Bau eines neuen Gebäudes.[84] Das alte *Palais de Justice* diente seit 1501 als Parlament der Provence und war zuvor das befestigte Schloß der Comtes de Provence. Wichtigstes Merkmal waren drei Türme aus römischer Zeit, Spuren von den Anfängen der Aquae Sextiae. Einer war quadratisch, und man vermutete, daß er als Mausoleum genutzt worden war, die anderen beiden waren rund und flankierten das alte Tor, das als Durchgang durch den Schutzwall diente. Alle waren Zeugen für den galloromanischen Ursprung der Stadt. Der Palast selbst, der den drei Kammern des Parlaments – der *Grand' Chambre,* der *Chambre de La Tournelle* und der *Chambre des Enquêtes* – diente, beherbergte außerdem die Privatgemächer des Gouverneurs der Provence, die Büros des *Cour des Comptes,* die Büros der Finanzbeamten und des Majordomus, die Gefängniszellen und alle notwendigen Empfangsräume und Kapellen. Inmitten einer Gruppe öffentlicher Bauten im Zentrum der alten Grafschaftsstadt – neben dem Rathaus, der Kathedrale Saint-Sauveur, dem Palast des Erzbischofs und der Universität – symbolisierte das *Palais de Justice* den Anspruch von Aix als Hauptstadt der Provence.[85]

Doch das Gebäude befand sich, als die Parlamentarier 1775 nach drei Jahren eines durch Maupeou erzwungenen Exils nach Aix zurückkehrten, in einem halbverfallenen Zustand. Ein ansässiger Architekt machte die ersten Untersuchungen, und 1776 wurde Ledoux, auf Empfehlung von Turgot und Trudaine de Montigny, vom Verwalter nach Aix eingeladen.[86] Sein Bericht enthält Angaben über Wasserschäden und unsichere Fundamente, und 1778 zeichnet er einen ersten Entwurf für einen neuen Justizpalast auf einem Grundstück außerhalb des alten Walls, südwestlich vom Marktplatz, am Ende der Promenade, die man den *Cours* nennt. Um das Justizgebäude mit dem Kern der Stadt zu verbinden, plant er eine Verlängerung des Cours nach Osten, um daraus eine prächtige Promenade zu bilden, mit dem neuen Justizpalast an dem einen und einem Triumphbogen am anderen Ende.[87] Dieser aufsehenerregende Versuch, die Gestaltungsgesetze im Zeitalter der Aufklärung auch für Aix anzuwenden, scheiterte am Einspruch der *Assemblée des Communautés de Provence,* die ihn als Einmischung eines Fremden und als zu kostspielig empfand. Ebenso erging es zwei anderen Projekten von 1779 und 1783, die Ledoux für Standorte außerhalb des historisch bedeutsamen Kerns entworfen hatte.

Hinter dieser Ablehnung, so erkennt Ledoux später, steckte jedoch mehr als nur einfacher Lokalstolz oder gar ökonomischer Zwang; sie zeigte

[84] J. J. Gloton, S. Conard, „Aix-en-Provence dans l'oeuvre de Claude-Nicolas Ledoux", in: *Monuments et mémoires... Académie des inscriptions et belles-lettres,* Vendôme 1983.

[85] J. P. Coste, *Aix en 1695,* Aix 1970.

[86] Gloton und Conard, op. cit., S. 125.

[87] ebd.

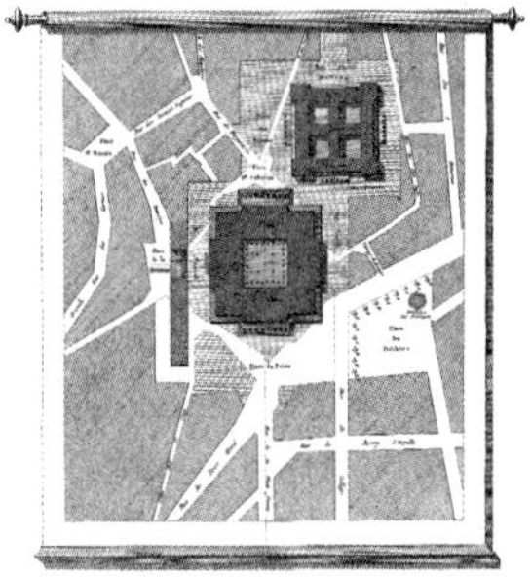

Links: Lageplan von Justizpalast und Gefängnis in Aix (aus der *Edition Ramée,* Tafel 44).
Rechts: Erdgeschoßgrundriß und Dachaufsicht des Justizpalastes in Aix (aus der *Edition Ramée,* Tafeln 46 und 52).

die Bindung des Parlaments an das alte Gebäude oder, auf jeden Fall, an seinen Standort in der Stadt. Eine Umsiedlung an den Rand der Stadt barg die Gefahr, diesem Platz seine Bedeutung zu nehmen, als Ort von Zeremonien und Festlichkeiten, von Karneval und anderen Ritualen. Die traditionellen Feste, wie sie Achard in seiner „Description historique de Provence, 1787" beschreibt, oder die Zeremonien des Corpus Christi, von Grégoire 1777 geschildert, zeigen den Palast als Bezugspunkt in einem Netz von Straßen und Monumenten, durch das die öffentlichen Prozessionen ihren Weg nahmen.[88] Zu dieser Treue zur Tradition gesellte sich, so erzählt man, ein uneingestandener Wunsch nach dem Abriß eines Gebäudes, in dem ein feindliches Parlament residiert hatte, wenn auch nur für vier Jahre. Und außerdem, viele Parlamentarier und ihre Freunde konnten nur gewinnen, wenn der Ortskern, in dem sie Grundstücke besaßen, durch einen Neubau aufgewertet würde.[89] Um 1784 hatte sich eine Mehrheit für Abriß und Neubau am alten Ort gebildet, gestützt durch die Ankündigung des Finanzministers Calonne, aus der königlichen Schatulle zwei Drittel der Baukosten beizusteuern. Der Abriß begann 1776, zuerst zögerlich, wurde dann beschleunigt, und 1787 wurde der Grundstein zu Ledoux' neuem Justizpalast gelegt.

[88] Abbé Grégoire, *Explication des cérémonies de la Fête-Dieu,* 1777.

[89] M. Vovelle, u. a., *Histoire d'Aix-en-Provence,* Aix 1977, S. 220.

Doch angesichts der näherrückenden Zerstörung des alten Gebäudes, so ergaben die Forschungen von Serge Conard, bildete sich eine konservative Opposition aus ansässigen Historikern und Archäologen. Einige von ihnen waren angesehene Mitglieder des Parlaments: der Präsident Fauris de Saint-Vincens, der Rechtsanwalt Charles-François Bouche und der Maler Esprit Gibelin gehörten zu jenen, die ihren Ärger über die Zerstörung, vor allem der alten römischen Turmbauten, laut werden ließen.[90] Saint-Vincens und Gibelin verfolgten den Abriß mit archäologischem Interesse, während Bouche in einer Reihe von Schriften zwischen 1785 und 1787 die Zerstörung des alten Palastes und seine Verdrängung durch ein kurzlebiges, „leichtes" Gebilde, das er „moderne Architektur" nannte, unaufhörlich anprangerte. Wenn es nicht möglich sein sollte, die Türme in der Art zu retten, wie es die alten Griechen schon getan hatten – indem sie ihre einzelnen Steine an einen anderen Ort transportierten und wieder aufbauten –, so schlug er vor, ihnen eine Art Denkmal zu setzen aus bronzenen Säulen auf marmornen Sockeln. Es war die passende Hommage eines Freimaurers aus dem achtzehnten Jahrhundert an die ersten Maurer von Aix, es war gleichzeitig die erste Stufe in einem langen Streit um die Erhaltung des französischen Erbes.[91] Ledoux, der sich der verspäteten Anfänge einer solchen Bewegung wohl bewußt war, war nicht beunruhigt. In einem Brief an seinen Freund und Vertragspartner Mignard schreibt er 1786 trokken (es ging darin um antike Funde am Boden des alten Mausoleums): „was die Urne betrifft (...), glaube ich, daß es hübsch ist, sie anzuschauen, aber

[90] S. Conard, „Aux sources de l'architecture parlante, l'archéologie mystique de C. N. Ledoux"; F. de Saint-Vincens, *Mémoire sur la tour du mausolée,* 1786; C. F. Bouche, *Essai sur l'histoire de Provence,* Marseille 1785, und „Discours sur l'état actuel de la Provence", in: Achard, *Description historique (...) de la Provence,* Aix 1787; E. Gibelin, *Lettre sur les tours antiques,* Aix 1787.

[91] Bouche, ebd.

ihre wenig interessante Form sagt doch nur demjenigen etwas, der sie nach Hause tragen und in seinem Antiquitätenkabinett aufstellen will"[92]. Es ist sicher, daß er, obwohl er so lange vermieden hatte, auf dem alten Standort zu bauen, in den Türmen keinen architektonischen, sondern nur einen archäologischen Wert sah. Wie d'Alembert, der nichts als Spott für die Archäologen übrig hatte, vertraute Ledoux ganz auf seine eigene „philosophische" Architektur, die einen Vergleich mit der des alten Rom nicht zu scheuen habe.

[92] L. de Berluc-Pérussis, „L'architecte Ledoux et le sculpteur Chardigny à Aix", in: *Réunion des Sociétés des Beaux-Arts des Départements,* 1902, S. 189 ff.

Gleichwohl versuchte er mit seinem Entwurf auf den historischen Kontext, in dem er sich befand, auf zwei Ebenen einzugehen: einmal auf der der räumlichen Organisation des Ganzen; zum anderen in der der symbolischen Sprache der Architektur, die der besonderen Baugeschichte von Aix Rechnung tragen sollte. Ledoux war zuallererst darauf bedacht, die traditionellen Zuordnungen der verschiedenen Kammern zu übernehmen, weil sie, obwohl zufällig gewachsen, inzwischen die Arbeitsweise und die Arbeitsrituale der Kammern spiegelten. Die Hierarchie der Kammern hatte im alten Palast dazu geführt, daß sich die *Cour des Comptes* mit ihrer Kapelle und dem „Salle des pas perdus" im Erdgeschoß befand, während das Parlament mit allen dazugehörigen Räumen das erste Obergeschoß belegte und durch eine große Treppe vom östlichen Eingang erschlossen wurde.[93] Ledoux übernahm diese vertikale Trennung nicht nur, er betonte sie noch in Grundriß und Schnitt, als ob er die Wahrnehmung schärfen wollte für räumliche Zeremonien. Ein Vergleich von Ledoux' Entwurf mit den detaillierten Schilderungen von Grégoire vom Verlauf der *Fête-Dieu*, einer einwöchigen religiösen Zeremonie, zeigt, daß Ledoux die Ansprüche dieser traditionellen Gruppen von Verwaltungsjuristen gut bekannt waren. Nach dem gleichen Prinzip wurden die Räume des Majordomus und die Büros der Finanzbehörde, die im alten Palast zwischen Gefängnis und Parlament eingeklemmt waren, ins Zwischengeschoß gelegt. Die Gefängnisse selbst, die hinter dem alten Wall zwischen den beiden runden Türmen lagen, wurden von Ledoux aus dem ursprünglichen Zusammenhang genommen und in ein separates Gebäude hinter dem neuen Palast verlegt, das aber vier Ecktürme erhielt.

[93] Die Struktur der *parlements* im Ancien Régime wird untersucht in: S. Kettering, *Judicial Politics and Urban Revolt in Seventeenth-Century France,* Princeton 1978.

Auf der Ebene des architektonischen Ausdrucks machte also Ledoux offensichtlich Referenzen an den alten Palast und, etwas allgemeiner, auch an die Architekturgeschichte der Stadt. Die Anstrengungen von Serge Conard, einen Nachweis für Ledoux' „Assimilation" der alten Türme in der Geometrie der Grundrisse zu erbringen, wirken mehr als zweifelhaft; denn sie lassen sich weder in der zweiten noch in der dritten Dimension nachvollziehen. Symbolische Referenzen sind eher zu finden. Conard verweist auf die Ähnlichkeit zwischen der Rekonstruktion des Palastes im fünfzehnten Jahrhundert und Ledoux' Anlage von Palast und Gefängnis, doch schon sein Vergleich der oberen Rotunde des Mausoleums, wie sie Gibelin dargestellt hat, mit dem „Tempietto", das als Laterne auf dem neuen Palast sitzt, ist mehr als überraschend.[94] Dieser Tempietto kann genausogut auf ein anderes mythisches Denkmal von Aix hinweisen, den *Temple de Soleil,* dessen Reste man im Halbkreis der antiken korinthischen Säulen im Baptisterium der Kathedrale Saint-Sauveur vermutet.

[94] Sangallos hypothetische Rekonstruktion wird illustriert in: M. Clerc, *Aquae Sextiae,* Aix 1916, S. 430; seine Skizze von 1496 befindet sich in der Bibliothek des Vatikans.

Dennoch: eigentlich waren Ledoux' Bauten alles weniger als historistisch; viel mehr als das eklektische Zitat beschäftigte ihn, ihre Rolle als Repräsentationsbauten des achtzehnten Jahrhunderts klar zu definieren, als sich selbst genügende neue Bautypen. Das Spiel mit Quadrat und griechischem Kreuz im Palais de Justice erinnert an das monumentale Thema derselben Periode, das er in den öffentlichen Bädern und in der Kirche für Chaux variiert hatte; während die große zentrale Treppe, die sich im Erdgeschoß teilt, um Zugang zu den Comptes zu gewähren, und sich im Zwischengeschoß wieder schließt, um zum großen Saal zu führen, und von dort diagonal zur Kapelle aufsteigt, ganz ähnlich angelegt ist wie die Treppe im Haus des Direktors in der Saline von Chaux. Ledoux entwickelte dieses besondere räumliche Vokabular für öffentliche Bautypen, um einmal eine gewisse „Familienähnlichkeit" zwischen all seinen öffentlichen Bauten zu schaffen, zum anderen, um der hierarchischen Gliederung des Rechtswesens zu entsprechen. Was Ledoux später den „lichten Tempel der Gerechtigkeit" oder „das Prätorium" – in Erinnerung an den römischen Ursprung – nannte, war eine komplizierte Synthese aus antiken Typen und Motiven, aus palladianischen Kompositionsmustern und seiner eigenen, fertig entwickelten, den öffentlichen Bauten vorbehaltenen Architektursprache. Die Tradition des Rechtswesens drückte er hier auf zwei Ebenen aus: einmal durch die Form der Basilika, früherer Ort der Rechtsprechung, zum anderen durch die Form des Tempels, der auf den Druidentempel hinweist, den die Legende in Aix ansiedelt.

Gleiches galt nicht für die Gefängnisse, für die Ledoux 1784 nur auf wenige typologische Muster zurückgreifen konnte, außer vielleicht auf die Menge ikonographischer Experimente, die auf die „Carceri" des Piranesi gefolgt waren und die die „Sprache" des Kerkers ins Karikaturistische verfremdeten. Neben der Kategorie des „schrecklich Erhabenen", die Blondel für Gefängnisse formuliert hatte, gab es kein Interesse an den funktionellen Notwendigkeiten für Gefängnisse, vergleichbar dem, das man damals zum Beispiel für die Funktionen des Krankenhauses hatte.[95] Eine Untersuchungskommission, von Necker berufen und von Tenon geleitet, beschäftigte sich zwar mit den Pariser Gefängnissen und löste damit eine kurze Debatte aus; Moreau und dann Boullée hatten Änderungen für das Hôtel de la Force vorgeschlagen, und die Akademie hatte das Thema 1778 in ihr Programm aufgenommen. Doch weder hatte der einflußreiche Kata-

[95] Jacques-François Blondel, *Cours d'architecture,* II, S. 6.

Oben: Hauptansicht des Justizpalastes in Aix (aus: *l'Architecture* . . ., Tafel 179).
Unten: Schnitt durch das Gefängnis von Aix.

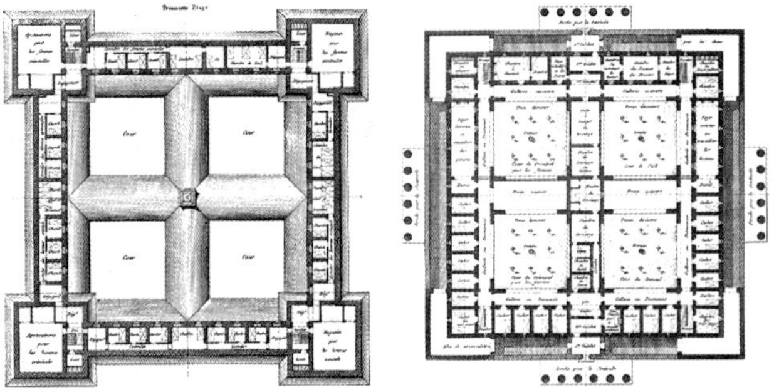

Grundrisse des dritten Obergeschosses und des Erdgeschosses des Gefängnisses in Aix (aus der *Edition Ramée,* Tafeln 62 und 61).

log, den John Howard im gleichen Jahr zusammengestellt hatte, in Frankreich schon Verbreitung gefunden, noch gab es Vorschläge wie die von Antoine Petit, Bernard Poyet oder J. B. Le Roy für das Hôtel-Dieu, die die öffentliche Diskussion hätten anregen können.

Ledoux' Gefängnis wirkt deshalb in dieser Zeit als eigenständiger Versuch, die funktionalen und architektonischen Probleme einer reformierten Gefängnisstruktur zu lösen. Ledoux hat sich dabei wahrscheinlich von den Forderungen leiten lassen, die Brissot de Warville in seiner „Théorie des lois criminelles" im Jahre 1781 veröffentlichte. Darin beschreibt er ein Modellgefängnis, das wortwörtlich dem von Ledoux gebauten entspricht.[96] Wie bei Brissot gefordert, hatte Ledoux sein „Haus der Besserung" in vier Geschosse eingeteilt und als Quadrat aus vier gleichen Teilen entworfen; jeder der Teilbereiche nahm eine andere Gruppe von Gefangenen auf – Frauen und Kinder, Schuldner, Wüstlinge, Mörder oder verurteilte Verbrecher, die auf Hinrichtung oder Deportation warteten. Jede Gruppe hatte ihre eigenen Werkstätten, Krankensäle und Höfe für körperliche Bewegung. Die Kapelle war in der Mitte.

[96] Jacques-Pierre Brissot de Warville, *Théorie des lois criminelles,* Paris 1781, I, S. 183–185.

Auf der Ebene der Architektur jedoch ging Ledoux weit über Brissot hinaus, der nichts anderes empfohlen hatte als eine „abschreckende Inschrift" über dem Haupteingang. Ledoux tat das auch – „Securitas publica" –, aber er wollte darüber hinaus ein Formvokabular erfinden, das, ohne in die Extreme der Piranesi-Nachfolger zu fallen, die Funktion des Hauses eindeutig signalisieren würde. Er besuchte den Anatom Jean Tournatoris, dessen abschreckende Sammlung pathologischer, osteologischer und kriminologischer Fälle in Aix berühmt war, lange bevor der Arzt zum Professor der Anatomie an der medizinischen Fakultät ernannt wurde. Ledoux ließ sich belehren und versuchte eine Art Gesicht in die Fassaden seines Gefängnisses einzuzeichnen.[97] Die Kunst, den Charakter aus den Gesichtszügen zu lesen, war um 1780 gerade wieder in Mode gekommen, zuerst durch die Schriften von Lavater, später versuchten Blondel und direkter noch Le Camus de Mézières, dies in die Architekturtheorie zu übertragen. Ledoux dachte an eine Analogie zwischen Tournatoris' Sammlung von Köpfen, deren jeder die kriminelle Mentalität seines früheren Besitzers zum Ausdruck brachte, und dem Entwurf seines Gefängnisses.[98] Die schweren, drückenden Mauern, die Sichtschlitze und der abweisende Eingang signalisierten deutlich „einen dunklen Ort des Verbrechens".

[97] Zur Beschreibung des Museums für Pathologie von Pierre-Claude-Jean Tournatoris (1740–nach 1794) vgl. F. Chavernac, *Le docteur Tournatoris,* Marseille 1871.

[98] Die Praxis der Physiognomie wurde in der Mitte des 18. Jahrhunderts wiederentdeckt und gewann mit der Veröffentlichung Johann-Caspar Lavaters: *Physiognomische Fragmente* (1775) auch Anerkennung in der Kunst und Literatur.

Aber Ledoux vermied die wortwörtliche Übertragung von Gesichtszügen auf den Fassadenentwurf, den Karikaturisten wie Lequeu zu Beginn des folgenden Jahrhunderts bevorzugten; er beschränkte sich auf rein architektonische Motive, um die gewünschte Wirkung zu erzielen. Eher noch bezog er sich auf die Bestattungsarchitektur der Antike, gefiltert durch eine abstrakte Geometrie: das zellenhafte Innere des Gebäudes, in dem Conard ein Bild der Katakomben von Pozzuoli wiedererkennt, die „Grabsteine" der Ecktürme, der grabsteinartige Giebel über dem Eingang, durch Delafosse aus Pozzuoli mitgebracht – all dies zusammen wirkte wie ein einziger großer geformter Block, eine primitive Grabstätte für die Verdammten.[99] Als der Bau 1846 endlich von Daniel Ramée veröffentlicht wurde, galt er augenblicklich als Beispiel für eine physiognomische Architektur, und Charles Blanc bezeichnete ihn wegen seiner „wilden Schönheit und seiner grausamen Wirkung" und wegen der fast ausschließlichen Verwendung kahler Oberflächen als ein erstes vollkommenes Beispiel für das schrecklich Erhabene.[100]

[99] Conard, op. cit.

[100] C. Blanc, *L'Architecture,* S. 33–34.

La barrière de l'Etoile,
Daguerreotypie von
Anton Melling, 1848.

9. Von den Barrières zu den Propyläen

„Ich werde die Propyläen von Paris vorstellen, so wie sie vor ihrer Verschandelung waren, es sind Bilder, die an die dramatischsten aller Orte gebunden sind und deren Wirkungen sich aus der Magie des Scheins auf dem Theater ableiten." (18)

Von allen Projekten, die Ledoux ausgeführt oder auch nur entworfen hat, löste keines so viel Kritik, Protest und Entrüstung aus wie die Zollhäuser, die *barrières de Paris.*[101] Im geheimen und mit großer Eile wurden sie in den letzten Jahren des Ancien Régime errichtet und galten unweigerlich bald als Symbole der Steuertyrannei, als arrogante Wahrzeichen der verhaßten Generalpacht. Ihre seltsam anmutende Gestalt, ihr monumentaler Maßstab und ihr Standort verfremdeten das zugrundeliegende traditionelle architektonische Repertoire bis hin zur Karikatur. Die *barrières* erschienen als Paradebeispiel der Verschwendung und wurden von allen Seiten angegriffen: von den Physiokraten als überflüssige Investition in prachtvollen Städtebau und als Verkörperung aller Übel des zentralisierten Steuermonopols; von reformistischen Ministern, weil der Aufwand den finanziellen Nutzen zunichte mache; von Journalisten, denen die bizarren Formen Anlaß waren zu umfassender Kritik an der Regierung und ihrer Bürokratie; von Vertretern vielfältigster Sonderinteressen, zum Beispiel von jenen Gastwirten, die zuvor außerhalb der Stadtmauern angesiedelt waren und ihre Gewinne aus dem Verkauf steuerfreien Weins nun bedroht sahen, oder auch von den legalen und illegalen Weinhändlern; von enteigneten ehemaligen Grundbesitzern und schließlich von Architekten und Architekturkritikern, die den *barrières* eine schamlose Plünderung des klassischen Repertoires vorwarfen.[102] Für Ledoux und einen kleinen Kreis treuer Freunde und Förderer stellten die *barrières* die bedeutendste Verwirklichung seiner architektonischen Visionen dar, eine wahrhaft „römische" Tat, mit der zugleich das Straßennetz verbessert, neue Boulevards angelegt und alle betroffenen Stadtquartiere verschönert wurden. Doch in Wirklichkeit ließen die *barrières* Ledoux binnen kürzester Zeit in Ungnade fallen und legten den Grundstein für seinen schlechten Ruf – er wurde zum *architecte maudit.*

Unmittelbare Ursache des Konflikts – eines Konflikts, der die ganze Karriere von Ledoux durchzog und hier zur scharfen ästhetisch-politischen Konfrontation wurde – war seine eingestandene Neigung zur architektonischen „Hebung", das heißt Übersteigerung einfacher Objekte. Wie in der Einleitung zur *Architecture* ausgeführt, bestand sein Prinzip darin, „auch dem kleinsten Objekt das angedeihen zu lassen, wofür das größte empfänglich ist." Im Fall der *barrières* führte dies zu ihrer Verwandlung von kleinen Büros für die Agenten der Generalpacht zu Triumphpforten für die Stadt – „Verwaltungsbüros werden (...) zu herrlichen Propyläen." (16) Was Laugier 1753 beschrieb als „einige armselige Palisaden, von Holzstegen zusammengehalten, die sich an zwei alten Scharnieren bewegen und von zwei oder drei Misthaufen flankiert werden", wurde nun nach Leroys Bildern vom Eingang zur Akropolis neu konzipiert.[103] Gegen Laugiers Klage, Fremde könnten beim Eintreten in die Stadt kaum glauben, daß sie nicht

[101] Vgl. Edmond Frémy, „L'enceinte de Paris", in: *Bulletin de l'Histoire de Paris et de l'Ile de France,* 39, 1912.

[102] R. Dion, *Histoire de la vigne et du vin en France,* Paris 1959, ist eine ausgezeichnete Studie über den Weinschmuggel.

[103] Laugier, *Essai sur l'architecture,* S. 214.

Einige *barrières* von Paris.
Linke Seite: Oben: *le bureau de Passy,* zerstört; unten: *le bureau de Saint-Denis.*
Rechte Seite: Oben: von Ledoux ausgeführte Säule für das *bureau de Vincennes* (oder *Trône*) auf dem Place de la Nation; daneben das *bureau des Fourneaux* an der Kreuzung Boulevard Pasteur und rue des Fourneaux, zerstört; und das *bureau de Courcelles* auf dem heutigen Place de la République-de-l'Equateur, zerstört; unten: das *bureau d'Enfer* auf dem heutigen Place Denfert-Rochereau.

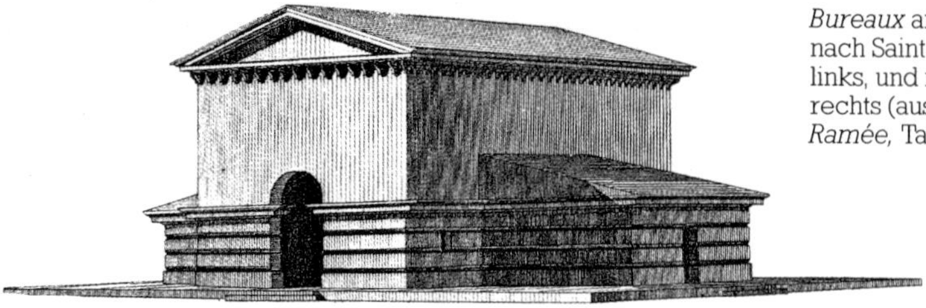

Bureaux an den Straßen nach Saint-Hippolyte, links, und nach Ivry, rechts (aus der *Edition Ramée,* Tafeln 19 und 15).

noch „in irgendeinem Nachbardorf" wären, setzte Ledoux das Versprechen:

> „Ich werde eine Bevölkerung von achthunderttausend Menschen *verstädtern,* um ihnen die Unabhängigkeit zu geben, die eine Stadt aus ihrer Abgrenzung gewinnt; ich werde Siegestrophäen an jene geschlossenen Ausgänge stellen, die die Richtung ihres Wachstums hemmen."(18)

Doch die Übereinstimmung mit Laugier reichte nur bis zu diesem Punkt. Der *philosophe* hatte den Bau ganz konventioneller Stadttore gefordert – „großer Triumphbögen" im Zentrum weiter Plätze, von denen aus die Straßen sternförmig in die Stadt hineinführten; Ledoux dagegen wies diesen traditionellen Typus als funktional und ästhetisch unpassend zurück und nahm sich die Freiheit, eine neue Form für den Eingang zur Stadt zu konzipieren. Für Laugier blieb die Porte Saint-Denis von Blondel vorbildlich, vor allem weil sie die bei römischen Bauten übliche Mischung von Säulen und Arkaden vermied. Mit Kolonnaden verband sich für ihn die Vorstellung von „zum Wohnen bestimmten Häusern", während ein Triumphbogen „nichts anderes als ein Ort des Durchgangs" sein könne.[104] Aber mit genau dieser Vorgabe einer Verbindung von Wohn- und Durchgangsfunktion hatte Ledoux zu arbeiten. Dennoch erschienen ihm weder der römische Typus noch jener des 17. Jahrhunderts als geeignet, und sogar der Triumphbogen verschwand als eigenständiges Motiv fast völlig, obwohl Ledoux, wie seine Kritiker sofort anmerkten, dem ausgiebigen Einsatz von Säulen ja sonst keineswegs zögerlich gegenüberstand.

[104] ebd.

1782 hatte der Generalpächter und Chemiker Lavoisier die Notwendigkeit einer neuen Zollmauer für Paris dargelegt: Durch eine solidere Mauer als jene, die nach der Zerstörung der alten Befestigungen im Jahre 1672 errichtet worden war, würde man etwa sechs Millionen *livres* an bisher nicht eintreibbaren Steuern einnehmen. Er schlug vor, beim Bau mit dem Einschluß der südöstlichen Viertel zu beginnen – um das Hôpital général, la Salpêtrière, Vaugirard, le Gros Caillou, l'Ecole Militaire und Les Invalides[105] –, und machte damit deutlich, daß er eine Verschärfung der fiskalischen Kontrolle verbunden wissen wollte mit erweiterten Aufgaben der Polizei: Die Viertel um die Salpêtrière waren Zentren des kriminellen Lebens, in deren Schenken sich Arme, Arbeitslose und Gauner trafen, die *classes laborieuses* und die *classes dangereuses.* Unter Necker beiseitegelegt, wurde der Plan unter Calonne neu aufgegriffen und zu einem großen Projekt zur Sanierung und Kontrolle der Pariser Faubourgs ausgearbeitet.

[105] Frémy, op. cit.

Der Plan wurde der Stadt im Frühjahr 1784 vorgelegt; er enthielt nicht nur eine neue Stadtmauer samt Toren, sondern sah auch Büros und Unterkünfte für mehr als 800 Angestellte der Generalpacht vor, unter ihnen die *chasseurs* der Wachpolizei, die Verwalter und Steuereinnehmer. Diese Mannschaft mußte auf die Stadtmauer gemäß der jeweiligen Bedeutung der Stadttore verteilt werden. Ein typisches Tor sollte einer *brigade* aus sieben Wachen und einer *avant-garde* aus vier oder fünf Personen und dem *brigadier* Unterkunft bieten, außerdem Räume für einen Verwalter und einen Einnehmer sowie Küchen, Büros, Weinkeller und Brennholzlager aufnehmen. Zu beiden Seiten der Tore waren Wachhäuschen für die Diensthabenden vorgesehen. Ergänzt wurden die *barrières* durch Lagerhäuser für beschlagnahmte Güter, Zollbüros, Wachtürme, Ställe und Garagen für den Fuhrpark. Insgesamt gab es fünfundfünfzig Durchgangspunkte; sie waren untereinander durch einen ringförmigen *boulevard* verbunden, der die Stadtmauer innen und außen abschirmte.

1785 wurde mit dem Bau begonnen, und obwohl Ledoux 1787 für kurze Zeit und 1789 endgültig von seiner Aufgabe als Architekt suspendiert wurde, standen 1806 fast alle der fünfundvierzig geplanten *barrières*, 62 von 66 Dienstgebäuden mit den dazugehörigen Wachhäuschen. Nicht ohne Bitternis sah er sie in diesem Jahr seines Todes in einem großen Ring um Paris liegen.[106]

[106] Eine vollständige Ikonographie der Zollmauern findet sich bei M. Gallet, *Ledoux*, op. cit.

Manche der *barrières* waren bescheidene eingeschossige Pavillons mit nur zwei Räumen, andere waren mehrgeschossig und ausladend gebaut, doch alle zeigten sie den gleichen architektonischen Charakter: als entstammten sie einem Baukasten voller Elemente, die der Renaissance und der Antike abgewonnen waren und schier unbegrenzte Kombinationsmöglichkeiten boten. Es gab nur wenige und einfache Grundrißtypen: die Tempelformen des Amphiprostylos und Peripteros; das griechische Kreuz in einer quadratischen Anlage, Palladios Villa Rotonda vielfältig variierend; kubische Pavillons mit Pedimenten an zwei oder allen vier Seiten; Pavillons mit Säulengängen; schließlich Rotunden – und natürlich viele Kombinationen aus zweien oder mehreren dieser Typen. Auch die Architekturelemente waren auf wenige Grundformen reduziert: venezianische Türen und Fenster, letztere manchmal zu Reihen mit einfachen oder doppelten Säulen geordnet; eine einfache dorische Säulenordnung, meist ohne Kannelierung und ohne Betonung der Basis, aber mit stark ausgeprägter Schwellung, wie man sie in Paestum findet; häufige Verwendung von Bossenwerk an Podesten, Erdgeschossen, Sockeln und – rechteckig oder rund – an Säulen; schließlich Frontons in vielen Variationen – aus den Giebeln abgeleitet, von venezianischen Öffnungen durchbrochen, mit flachen oder mit dramatisch vorstehenden Schlußsteinen versehen. Aus die-

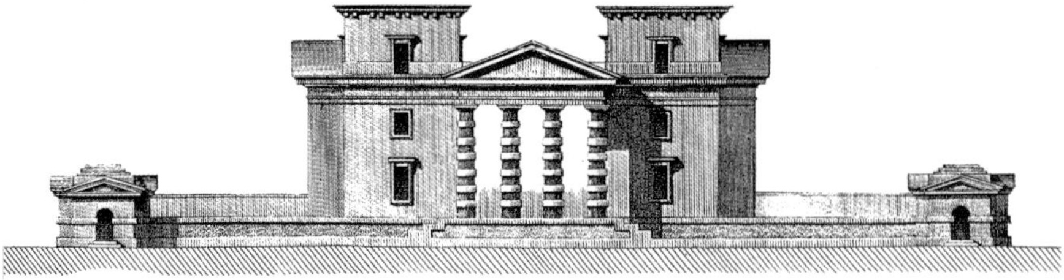

Hauptansicht und Seitenansicht des *bureau de Saint-Denis* oder *de la Chapelle* (aus der *Edition Ramée,* Tafel 5).

sen Grundelementen setzten sich die einzeln oder im Paar stehenden Pavillons zusammen, sie konnten so auf ihre jeweilige Lage und Umgebung bezogen werden und blieben einander doch verwandt, eindeutig erkennbar als Bauten der Generalpacht.[107]

[107] Das vollständigste Werk über die gebauten Zollmauern ist von Gaitte, einem Graveur, der in den Jahren um 1790 bei Ledoux arbeitete: *Receuil des plus belles maisons et des plus belles édifices de Paris,* Paris ca. 1792.

Die wichtigsten Zugangswege wurden mit großen Gebäuden betont, die jedes für sich schon eine bedeutende Aufgabe darstellten: Die *barrières* de La Villette und de Pantin im Norden ergänzte jeweils ein großes Zollhaus, die *barrière* St. Martin mit ihrer hohen zentralen Rotunda stand auf einem quadratischen Sockel und umschloß einen Hof (nach dem Vorbild der *Halle au blé* von Le Camus de Mézières); sie war umrundet von venezianischen Arkaden; die vier Eingänge wurden von je einem Porticus gleicher Größe mit Fronton und rechteckigen Säulen in toskanischer Ordnung gebildet. Auch die *barrière* d'Enfer erhielt ihre Zoll- und Wachstation in Form einer Rotunda, die von einer zylindrischen Laterne mit abgeflachter Kuppel bekrönt war; die drei Vorhallen hatten venezianische, mit Bossenwerk verzierte Eingänge und als Frontons ausgebildete Giebel. Die östlich und westlich an der Seine gelegenen *barrières* de la Cunette und de la Rapée dienten als Stützpunkte für die Zollboote. La Cunette war gekennzeichnet durch einen langgestreckten, als Fronton ausgebildeten Giebel über einer Reihe von drei venezianischen Öffnungen mit doppelten, Bossenwerk tragenden Säulen. Für die Zollschiffe war der Bau durch ein grottenartiges, auf Flußhöhe liegendes Becken zugänglich, über dem sich ein Bogen mit schwerem Bossenwerk spannte. La Rapée bestand aus einem runden Gebäude um einen offenen Hof mit einem äußeren Säulengang aus dorischen Säulen ohne Basis; man betrat es durch eine der vier Vorhallen, deren Giebel als Frontons mit weit vorstehenden Schlußsteinen ausgebildet waren. Für diese *barrière* hatte Ledoux auch ein Zollboot entworfen: Eine Art neoklassizistische Gondel trug einen Peripteros mit umlaufenden venezianischen Bögen. So kehrte der palladianische Tempel gleichsam zu seinen Ursprüngen zurück.

Genauso groß und prächtig wie diese funktional wichtigen Gebäude gestaltete Ledoux die eher symbolhaft bedeutsamen „königlichen" Durchgänge, deren Entwürfe er Ludwig XVI. zur Genehmigung vorlegen mußte. Im Westen, am Quai des Bonshommes, der auf dem Weg nach Versailles lag, errichtete er einen freistehenden Pavillon, dessen Eingang sich durch eine vorgestellte dorische Säulenreihe und eine halbrunde Kassettendecke, ähnlich jener im Hôtel Guimard, auszeichnete. Die Doppelpavillons am Etoile und an der Place de Vincennes markierten die erst noch zu schaffende große Ost-West-Achse; erstere trugen Fassaden nach dem Vorbild des *Maison du Directeur* in Chaux, letztere wurden von zwei

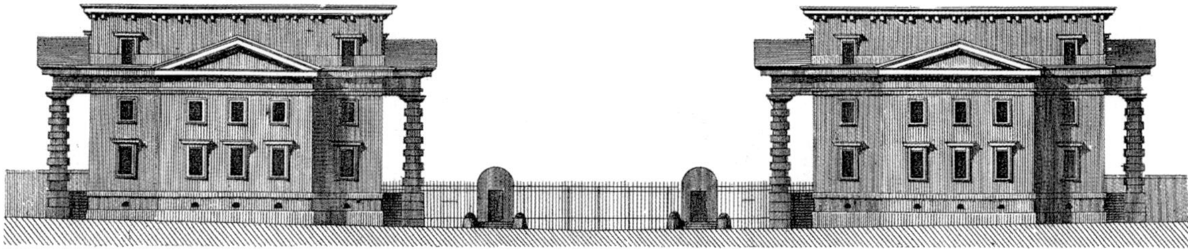

monumentalen freistehenden dorischen Säulen mit kreuzförmiger Basis flankiert. Damit hatte Ledoux seine nicht ganz uneigennützige Hommage an die Monarchie zur Geltung gebracht. In seinen apologetischen Memoiren schreibt Ledoux dem Beauftragten für die königlichen Bauten, d'Angeviller, und auch Finanzminister Calonne eine wichtige Rolle bei der Planung dieser Tore zu. Was die Champs-Elysées betrifft, damals Avenue de Neuilly, so „hat der König gewünscht, daß die entsprechend gelegenen *barrières* auf die Place Louis XV und den Eingang des Louvre hinweisen mögen." An den Pavillons am Etoile war Angeviller als Berater für Gestaltung und Auswahl der geeigneten Ikonographie beteiligt. Ledoux notierte dazu: „Wir haben uns damit begnügt, die Anforderungen der Generalpacht durch eine regelmäßige Ordnung im Äußeren darzustellen, mannhaft und kaum überhöht." Selbstbewußt verkündete er seinen Ehrgeiz, eine neue, in gewissem Sinn öffentliche Architektur zu schaffen: „Der Künstler hat sich damit begnügt, diesen *bureaux* einen öffentlichen Charakter zu verleihen; und damit die Architektur nicht durch die riesigen Entfernungen auseinanderfällt und ihren kompositorischen Zusammenhang einbüßt, hat er sich verpflichtet gefühlt, den strengsten und entschiedensten Stil einzusetzen."[108]

[108] Archives nationales, T 705 Colonia, Berichte von 1785–1786.

Die Kennzeichen dieses ausgearbeiteten Stils, der zugleich eine öffentliche Stadtbefestigung und eine dem König unterstehende Monopolgesellschaft repräsentieren sollte, tragen auch alle anderen *barrières*. Der Einsatz klassischer Muster verlieh der Stadtmauer römische Züge – die Via Appia durch die Augen von Piranesi gesehen –, doch die häufigen Zitate von Gebäuden der Generalpacht in Chaux und des *Hôtel des Fermes* zeigten die unverkennbare Handschrift des Architekten. Ledoux trieb auch eine neue Form des Klassizismus bis an seine Grenzen, indem er Neues aus vereinzelten Fragmenten des Alten schuf. Daß die *barrières* dennoch als etwas Ganzes erscheinen, als Einheit, verdanken sie Ledoux' konsequentem Einsatz für einen radikalen Primitivismus, dessen geometrische Reduktionen sich mit der Vorstellung von Ursprünglichkeit verbanden. Diese Formensprache fand ihre Vorbilder in Le Roy und auch in Piranesi, in Athen ebenso wie in Paestum. Denkt man an die ähnlich primitivistischen toskanischen Bildhintergründe jener heroischen Szenen, die Jacques-Louis David in denselben Jahren malte – vielleicht unter dem Einfluß der Ledoux'schen Manier –, so erkennt man einen eigenständigen Stil, um die Mitte der achtziger Jahre, der sich deutlich absetzt von seinen eleganteren Vorgängern (Laugier in der Theorie, Soufflot und Gondoin in der Praxis) und auch von seinen viel stärker historistischen Nachfolgern (Quatremère de Quincy in der Theorie, Durand in der Praxis). Diesem Primitivismus hatten sich auch Brongniart und De Wailly und später der Engländer John Soane verschrieben. Doch, wie der Kritiker Legrand erkannte: geprägt hatte ihn Ledoux.

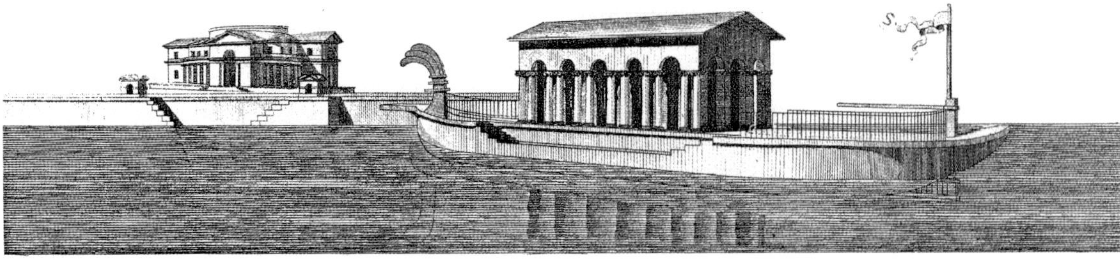

Dabei war der Typus, der hinter den zahlreichen Variationen von Tempelformen stand, sogar weniger puristisch und in manchem Sinn stärker architektonisch als jener von Laugier. Bestes Beispiel ist der Entwurf für die *barrière* des Rats: sie ist als Peripteros angelegt und hat rechteckige „etruskische" Säulen von gedrungener Gestalt, ohne Basis und mit nur rudimentären Kapitellen. Diese tragen ein schlichtes Giebeldach ohne Architrav oder Fries, in Anlehnung an Vitruvs toskanischen Tempel, wie er von Inigo Jones rekonstruiert worden war. Noch weiter vorangetrieben zeigt sich die Tendenz im Entwurf der *barrière* de Courcelles: ein Peripteros mit Reihen von sechs Säulen dorischer Ordnung, ohne Basis, ohne Schwellung, ohne Fries. Diese Säulenordnung, mit fünf anstatt sechs Säulen, wiederholt sich an dem kleinen Amphiprostylos der *barrière* de l'Oursine; weitere Variationen sind an den *barrières* de Bercy, Saint-Mandé, Montreuil und Charenton zu finden.

Wenn dieser primitive „Typus" schon eine Beleidigung für jene Kritiker darstellte, in denen langsam ein Sinn für den neoklassischen Historismus erwachte, wie viel mehr mußte ihnen die Einbindung der venezianischen Bögen und anderer palladianischer Motive in tempelförmige Bauten als etwas „Monströses" erscheinen, wie Quatremère de Quincy es ausdrückte. Ledoux hielt gar nichts von dem strengen Verbot einer Verbindung von Bogen und Säule, wie Laugier es forderte. Er spielte alle Variationen der verbundenen venezianischen Bögen durch, manchmal als Porticus mit einzelnen Säulen wie an der *barrière* de Clichy, manchmal mit Doppelsäulen wie in Belleville. Dort schuf er eine Mischform aus Tempel und Basilika, auf halbem Wege zwischen sakralem und profanem Bau. Ein vollkommenes Beispiel dieses Typus' entstand in Ménilmontant: ein Peripteros mit jeweils drei Bögen auf doppelten schwellungslosen Säulen an jeder Seite. Noch stärker palladianisch inspiriert sind die Variationen der Villa Rotonda: geprägt von der freien Verwendung des griechischen Kreuzes in quadratischem Grundriß, tragen einige von ihnen zylindrische, kuppelförmige oder rechteckige Laternen, anderen sind Vorbauten mit Frontons oder Bogenöffnungen vorgeordnet. Beispiele sind die große *barrière* du Roule, die *barrières* von Vaugirard, Trois-Couronnes und an der rue Royale-Montmartre mit ihrer Vielfalt von venezianischen Portici, schließlich die *barrière* de Picpus, an deren Eingängen man zuerst glatte dorische Säulen unter einem Fronton und anschließend noch halbkreisförmige Bögen passierte.

Eine weitere große Gruppe orientierte sich an dem einfacheren Vorbild der großen Hôtels, in die man durch einen monumentalen Porticus eintrat. Vertreter dieses Typs sind die *barrière* de la Place d'Italie mit umlaufenden venezianischen Arkaden, die den Zollbeamten Schutz boten; weiter-

Links: *Bureau de la Rapée* mit Zollschiff. Rechts: *Bureau de Vaugirard* (aus der *Edition Ramée,* Tafeln 14 und 22).

hin die beiden Pavillons der *barrière* d'Enfer mit ihren drei venezianischen Bögen auf doppelten, schweres Bossenwerk tragenden Säulen; die *barrière* Saint-Denis, deren ursprünglicher Entwurf zwei durch ein Peristyl verbundene Pavillons zeigt; schließlich die *barrière* de Maine, deren Eingänge von schweren, abgestuften Rustikablöcken überragt werden, in enger Anlehnung an das Hôtel des Fermes. Noch andere Gruppen bildeten sich heraus. Es gab einfache, mit Frontons besetzte kubische Pavillons wie an der Ecole Militaire, am Place du Trône und am Weg nach Vincennes. Andere trugen doppelte Frontons, teils gebrochen, teils flach gewölbt: die *barrières* des Paillassons, des Vertus, Sainte-Marie und Chaillot. Manche waren einfache Rotunden und erinnerten an Gartenpavillons; Ledoux baute sie entsprechend in offener, parkähnlicher Umgebung: zum Beispiel der Wachposten an der *barrière* d'Enfer, die *barrière* des Amandiers in einem von Nutzgärten bestimmten Viertel, die *barrière* de Neuilly als einfacher Peristyl mit achtzehn säulengetragenen Bögen – und natürlich die Rotonde de Chartres. Sie war ausdrücklich dazu ausersehen, den *Jardin de Monceau* des Duc d'Orléans zu zieren; im oberen Geschoß lagen seine Privatappartements. Eine weitere kleinere Gruppe hatte ihre Vorbilder, wie Legrand bemerkte, in den Grabbauten und Kapellen an Italiens Landstraßen; sie standen für eine Sehnsucht, die Ledoux mit keinem seiner Zeitgenossen teilen konnte: die *barrières* de Saint-Jacques, Montparnasse, des Ministres und des Martyrs. Schließlich und endlich hat Ledoux auch drei niemals ausgeführte Triumphbögen als Stadttore geplant, in einer in Italien unbekannten Manier: die Entwürfe der *barrière* Poissonnière sowie zwei andere, die wir durch Ramée kennen, zeigen Giebelbauten, unter denen sich ein Triumphbogen öffnete, der die ganze kurze Achse des Gebäudes einnahm und innen von Arkaden gesäumt war. Von oben wurde das Ganze durch ein rundes aufgesetztes Oberlicht erhellt.

Die Stiche für diese letzten Projekte stammen vermutlich aus der nachrevolutionären Zeit. Sie zeigen eine keineswegs zufällige Annäherung des Stils an die Idealentwürfe von Chaux. Offenbar hatte Ledoux die *barrières* als eine Art Labor angelegt, in dem er mit Typologien und ihren möglichen Transformationen experimentierte, sie von ihren bisherigen Nutzungen löste und für neue Aufgaben fruchtbar machte. In vielen Entwürfen für Chaux hatte Ledoux an diesen Stadttoren entwickelte Motive neu eingesetzt: Die Triumphbögen der Doppelhäuser für die Modehändler nehmen jene der *barrière* de la Poissonnière wieder auf; das Tonnengewölbe im Haus für die Schleusenwärter stammt von der *barrière* de la Santé; das Landhaus eines *agent de change* erinnert in seiner zylindrischen Form an die *barrière* Saint-Martin. Auch das Bossenwerk der *barrière* Sainte Marie kehrt wieder, in Form imitierter Holzquader an den Häusern für die Wald-

arbeiter. Und in dem Landhaus, das auf Tafel 22 der *Architecture* abgebildet ist, erkennt man eindeutig den Amphiprostylos der *barrière* de la Glacière.

Doch die unmittelbare Aufgabe der *barrières* als „Museum" architektonischer Typen sah Ledoux im Didaktischen. Ungefähr zur gleichen Zeit hatte auch Cassas seinem Museum für Architekturmodelle eben diese Rolle zugeschrieben.[109] Als „Modelle" antiker Vorbilder im Maßstab 1:1, als Beispiele für deren Anpassung an die moderne Zeit und ihre Anforderungen, stellten die *barrières* Lehrstücke nicht nur für Architekten, sondern für alle Staatsbürger dar. Architekturstudenten würden hier eine Serie „ebenso vielfältiger wie zahlreicher Kompositionen" finden (6), Musterbeispiele für Konstruktion und Gestaltgebung; für die Einwohner von Paris seien es Embleme der „Tugenden des Äußeren, versammelt zu einem Kreis, um den *esprit publique* heranzubilden", und „Gebäude, deren Vielfalt den Durst des Verlangens stillt." (18) Panorama und theaterhafte Wirkung, das waren offenbar zentrale Kategorien der städtebaulichen Ästhetik von Ledoux. Er übertrug den 360-Grad-Winkel von den Panoramen, den neuen Schauplätzen künstlerischer Illusion, auf die Stadt selbst. In diesem Punkt war die „Transformationsgrammatik" für die *barrières* aus den Theorien Lockes und Condillacs abgeleitet: Die auf den neuen Boulevards entlang der Stadtgrenzen flanierenden Bürger sollten in ihrer Wahrnehmung von einer „Assoziationskette" angeregt werden – als würde sich eine *barrière* in der nächsten auflösen, um in einer anderen Variation neu zu erstehen.

[109] Vgl. Dominique Poulot, „Modelli d'architettura", in: *Lotus International,* 35, 1982; Cassas eröffnete sein Museum der Modelle im Jahre 1806.

Ledoux' doppeltes Ziel der ästhetischen und moralischen Verschönerung zeigt sich vielleicht am deutlichsten in den Entwürfen für acht große Tavernen, die auf Geheiß von Calonne Bestandteil dieses städtebaulichen Programms für die *barrières* waren. Diese *guinguettes* sollten die beim Volk beliebten Ausflugslokale ersetzen, die sich in der Umgebung außerhalb der Stadttore dank des dort steuerfreien Weins entwickelt hatten. Nun gedachte Calonne, nicht nur bislang verlorene Steuereinnahmen aus Weinverkäufen für den Staat zurückzugewinnen, sondern auch eine Menschenmenge zu kontrollieren, die zwar hauptsächlich Erholung suchte, trotzdem aber eine Bedrohung für die soziale Ordnung darstellte.[110] Vom Staat betriebene Tavernen würden mögliche Unruhen, Aufstände und auch schlichten Straßenraub verhindern und zugleich das Los der Armen mildern können. Mit paternalistischer Rhetorik wendet sich Ledoux ans Volk: „Bei den Spielen, die dir geboten werden, bei den Festen, die für dich gefeiert werden, wirst du die Gedanken an deine Mühen beiseite schieben, auf das Vergessen deiner Strapazen trinken, und, aus einer erholenden Entspannung, wirst du neue Kräfte und Mut für deine Arbeit

[110] T. Brennan, „Beyond the Barriers: Popular Culture and Parisian Guinguettes", in: *Eighteenth-Century Studies,* Winter 1984–1985.

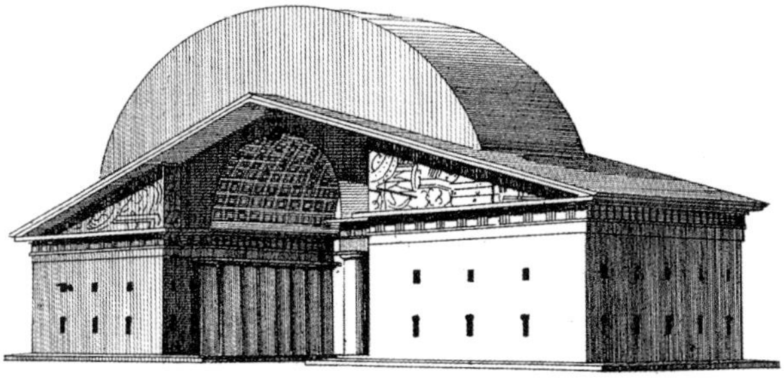

Links: Plan und Ansicht der Schenke am Faubourg Saint-Marceau (aus der *Edition Ramée,* Tafel 231).
Rechts: Entwurf für eines der *bureaux,* die, wie das *bureau Poissonnière,* von einem Triumphbogen mit inneren Kolonnaden durchschnitten werden (aus der *Edition Ramée,* Tafel 29).

schöpfen." (6) Zu diesem Zweck stellte Ledoux den üblichen Aufgaben einer *guinguette* nun einen neuen Gebäudetyp zur Verfügung, den Vorläufer des *café-concert* des 19. Jahrhunderts: Sie enthielten öffentliche *salons,* Gaststätten in Form langer Galerien und arkadengesäumte Höfe zum Tanz. Im Grundriß orientierten sich die Gebäude am Quadrat und griechischem Kreuz (mit einer Ausnahme, einem in einem Kreis stehenden Dreieck), und viele hatten einzeln stehende Pavillons in ihrer Mitte, die an den Villa Rotonda-Typus der *barrières* erinnerten. Jede von ihnen war auf einen bestimmten Standort bezogen, auf Plätze, an denen sich das Volk ohnehin tummelte: an den Faubourgs Poissonière, du Temple, Saint Antoine, Saint-Marceau, Vaugirard und Chaillot, an der rue Menilmontant und am Quai de la Rapée. Diese letztere war als Ufertaverne entworfen, ihre Höfe bestanden aus Wasserbecken zum Schwimmen und Bootfahren.

Zum Schluß, und um dieses Angebot an öffentlichen Erholungsstätten abzuschließen, entwarf Ledoux ein riesiges *Maison de plaisir* für den Hügel von Montmartre, dessen Funktion listig durch einen phallusförmigen Tempel in einem sonst kreisförmigen Gebilde signalisiert wurde. Im Schnitt schien dieses öffentlich genehmigte Freudenhaus den ganzen Hügel zu besetzen, es hatte die Form eines Zylinders, mit endlosen Treppen und Rampen, die den Hügel aufwärts zum eigentlichen Haus hinführten, als ob hier im Maßstab der Stadt die Wege der erotischen Initiation nachgezeichnet würden, die damals in freimütigen Gesellschaften und erotischen Erzählungen offen beschrieben wurden. „Zum ersten Mal", schrieb Ledoux, „erlebt man im gleichen Maßstab die Herrlichkeit der Schenke und des Palastes." (18) Solche Institutionen waren für Ledoux und seine Auftraggeber in den letzten Jahren vor der Revolution die letzten Versuche, die städtebaulichen und sozialen Ansprüche eines aufklärerischen Zeitalters in öffentliche Maßnahmen umzusetzen und damit eine friedfertige und moralische Unterschicht zu schaffen, die gesund genug sein würde, um zu arbeiten und glücklich genug, um zufrieden zu sein. In diesem Zusammenhang erscheinen die Worte von Le Corbusier über das Verhältnis von Architektur und Revolution, so viel später ausgesprochen, nahezu genial.

Oben: Ausschnitt aus der Vogelperspektive von Chaux (vgl. die Seiten 45, 46, 47).
Unten: Die Kirche von Chaux (aus: *l'Architecture...*, Tafel 72).

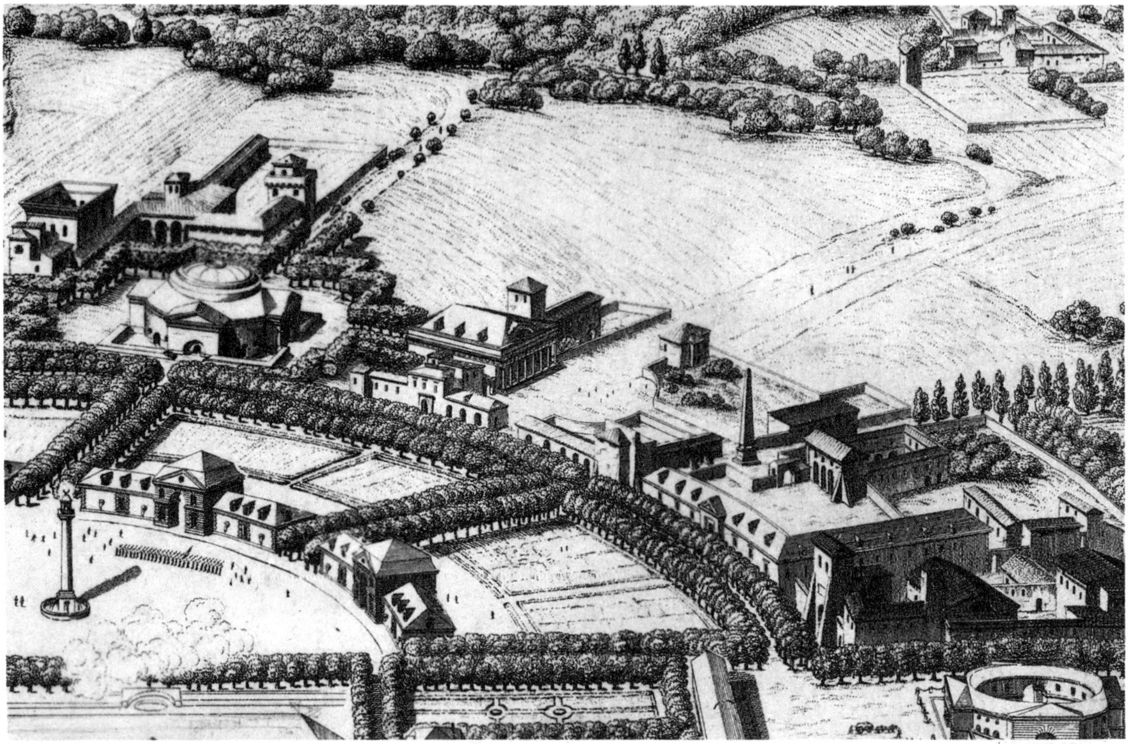

10. Entwicklung der Region

„Zwei Jahre war ich schon gereist, um mich zu bilden, als ich in Lyon hörte, daß die Regierung in einem Gebiet der Franche-Comté mit beträchtlichen Arbeiten begonnen hatte. Diese Provinz bietet geradezu einen Fundus an Naturgeschichte, Handel und Industrie." (43)

Die Saline von Chaux verdankte ihre Entstehung nicht nur den besonderen Aufgaben, die sie zu erfüllen hatte. Sie war auch Teil eines umfassenden politischen Programms der siebziger Jahre, das die östlichen Provinzen Frankreichs für Handel und Industrie öffnen und ihre landwirtschaftliche Entwicklung fördern sollte. Die Franche-Comté mit ihrer unabhängigen Bevölkerung, ihrem eigenen *parlement* und ihrer eigenständigen Kultur gehörte gerade erst seit einem Jahrhundert zu Frankreich und spielte ökonomisch und strategisch eine wichtige Rolle, besonders gegenüber der zunehmenden Macht der Republik Genf und der Schweizer Kantone. Schon Trudaine der Ältere hatte mit Hilfe von Perronet und dessen Stab von Ingenieuren damit begonnen, ein ausgedehntes Netz von Landstraßen und Kanälen anzulegen, und diese Politik wurde von seinem Sohn und Turgot fortgesetzt. Später förderte Calonne die Entwicklung neuer Industrien als Ergänzung der zunehmenden Eisen- und Glasproduktion in der Region.[111] Querret als leitender Ingenieur der Franche-Comté begann mit der Erneuerung der Kanäle; Bertrand erweiterte dieses Projekt in den siebziger Jahren noch um den Plan eines Kanals vom Doubs zur Saône und weiter durch das Elsaß bis zum Rhein.[112] In Verbindung mit dem Canal de Bourgogne, dessen Bau bereits begonnen hatte, sollte hier ein Kanalnetz entstehen, das die Franche-Comté in Bertrands Vorstellung zum „Zentrum des Handels dreier Meere und zu einer der herrlichsten Anlagen machen wird".[113]

Angesichts dieser Planungen erscheint es voll und ganz plausibel, wenn Ledoux im nachhinein behauptet, er habe die Saline von Chaux von Beginn an als industriellen Kern einer neuen, mit staatlicher Unterstützung entstehenden Stadt gesehen, eines Zentrums regionaler Entwicklung. Zwar läßt sich nicht sicher sagen, ob die von ihm hier erwähnten Entwürfe für die Tempel, die öffentlichen Bäder, die Märkte, die Handelshäuser und Spielstätten in den siebziger Jahren schon fertig vorgelegen hatten, doch auf alle Fälle hat er tatsächlich, wie er sagte, „Pläne für eine Stadt mit allen denkbaren Erweiterungen" erstellt. Cellerier zufolge wurden die Pläne Turgot präsentiert (also spätestens 1776), und obwohl Ledoux keine sofortige Unterstützung fand, so schöpfte er doch Hoffnung angesichts zweier anderer Stadtneugründungen, die für diese Region im Gespräch waren: einmal Versoix, ein Projekt von Choiseul, das die wirtschaftliche Macht Genfs brechen sollte und das sowohl Voltaire wie auch Querret zwischen 1766 und 1777 fasziniert hatte, zum anderen Carouge, das zwischen 1772 und 1792 mit eben der gleichen Absicht von Victor-Emmanuel von Sardinien gegründet wurde.[114] Ledoux erläuterte seine Hoffnungen in einer Anmerkung zum *Prospectus* der *Architecture,* in dem er von „la ville de Chaux" spricht und hinzufügt: „Monsieur le duc de Choiseul hatte das Ministerium verlassen, und das Vorhaben, in Versoix zu bauen, war aufgege-

111 L. Four, *Le long des routes de Franche-Comté au XVIIIe siècle,* Besançon 1939.

112 ebd.

113 Vgl. *Un canal, des canaux,* hrsg. v. Pierre Pirron, Katalog der Ausstellung, Paris 1986.

114 J. P. Ferrier, *Le duc de Choiseul, Voltaire et la création de Versoix-la-Ville, 1766–1777,* Genf 1922; A. Corboz, *Invention de Carouge, 1772–1792,* Lausanne 1968.

Links: Die Brücke über die Loüe (aus der *Edition Ramée,* Tafel 109). Rechts: Detailansicht der Brücke (aus der *Edition Ramée,* Tafel 108).

ben worden." (*Prospectus,* 9) Offenbar hatte Ledoux geglaubt, daß Trudaine, der soeben Querrets Bitte nach Wiederaufnahme der Arbeiten in Versoix abgelehnt hatte, nun seinem Projekt für Chaux um so offener gegenüberstehen würde.

Ein Bild des ersten Entwurfs, wie er Turgot vorgelegen hat, vermittelt wohl die „Carte des Environs de la Saline de Chaux" (Tafel 14). Sie zeigt eine kompakte, zu einem Oval geschlossene Anlage, entstanden aus einer Verdoppelung der Saline selbst, die genauso erscheint, wie sie gebaut wurde, einschließlich der sie umgebenden Mauer. Der nördliche Halbkreis von Gebäuden spiegelt exakt jenen der Saline wider; auch er ist von einer Mauer umgeben und nimmt Kasernen und eine Bürgermeisterei auf, ganz dem befestigten und strategisch geprägten Charakter dieser Grenzsiedlung entsprechend. Außerhalb der Mauern um Kaserne und Saline, östlich und westlich der Längsachse des Ovals, erscheinen zwei öffentliche Gebäude, die Pfarrkirche und der Gerichtshof. Die weiteren Einrichtungen wie etwa öffentliche Bäder werden nur durch Buchstaben bezeichnet. Um dieses zentrale Oval läuft ein baumbestandener Boulevard, der ähnlich jenem entlang der *barrières* von Paris den Ringverkehr um diese Stadt erlaubt, deren Zentrum quasi unzugänglich ist. Diese Ringstraße erschließt Privathäuser, die auf zurückweichenden Terrassen um Höfe und Gärten liegen. Ihre Anordnung verändert sich von Norden nach Süden und erleichtert so die Orientierung. Die Terrassen wiederum – in der räumlichen Gestaltung erinnern sie an Siedlungsarchitektur von George Dance und John Wood in England – sind von einem weiteren ringförmigen Boulevard umgeben, der bezeichnenderweise *le rempart*, der Wall, heißt. Zwei Straßen führen nach Norden und Süden, in den Wald von Chaux beziehungsweise zu dem kleinen Fluß Loüe; im übrigen bleiben die Landschaft der Region, ihre Häuser, ihre Wassermühlen und Kähne, ihre Schlösser, Dörfer und Waldsiedlungen unangetastet, ebenso wie der Kanal und das Gradierhaus der Saline. Vermutlich ist der hier beschriebene Stich, wie Wolfgang Herrmann gezeigt hat, in zwei Phasen entstanden, deren erste, dem Titel entsprechend, nur die Saline in ihrer Umgebung zeigte, während die Darstellung der geplanten Stadt erst später hinzugefügt wurde.[115]

[115] W. Herrmann, „The Problem of Chronology in Claude-Nicolas Ledoux' Engraved Work", in: *Art Bulletin,* September 1960.

Eine zweite, ganz andere Konzeption von Chaux zeigt die Tafel „Vue perspective de la Ville de Chaux" (Tafel 15). Anstelle der geschlossenen, streng geometrisch angelegten Befestigung, wie sie einer Garnison entspricht, findet man hier eine offene, ja malerische Anordnung, die das neue Interesse der achtziger Jahre an einer landschaftsähnlichen Gestaltung widerspiegelt. Kasernen und Saline bilden weiterhin das zentrale Oval, doch ihre Ummauerung verschwindet hinter Rauchwolken, die aus den Fenstern der Fabrik quellen, und den Paradeplatz bevölkern aufmar-

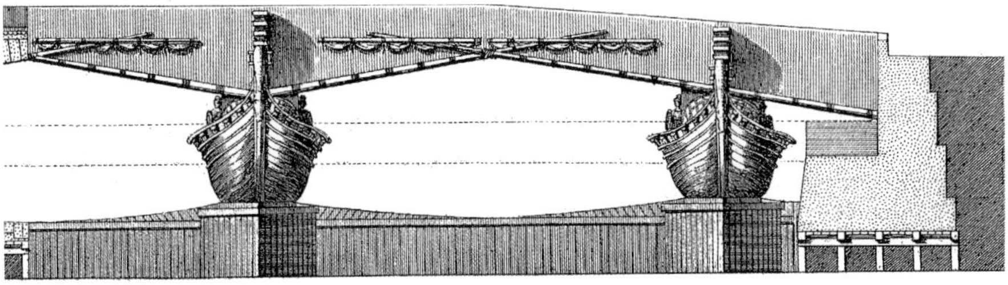

schierte Truppen. Im Osten, wo der frühere Plan die Pfarrkirche zeigte, sieht man den nun schon sehr detaillierten Entwurf der Kirche von Chaux, die mit ihrer kuppelbekrönten Rotunde und den vier Vorhallen zugleich an das Pantheon und an Palladio erinnert. Der Gerichtshof ist einem ersten Entwurf des Marktes gewichen, der der Rotunde von Saint-Martin oder auch der *Halle au Blé* von Le Camus de Mézières ähnelt. Im Hintergrund erscheinen die öffentlichen Bäder sowie ein Bau, der möglicherweise eine erste Fassung der Handelsbörse darstellt. Schulen, Klöster und Gehöfte bilden eine Mischung aus alten und neuen Bauten; Pfarrkirchen und Privathäuser – eines davon gleicht dem Entwurf des Hauses für den Chevalier de Mannery in Salins – stehen verstreut in der Landschaft und sind an die Stelle der regelmäßigen Terrassen getreten. In der ästhetischen Konzeption ist die populäre Darstellung der Gartenkunst von Abbé Delille, „Les Jardins", von 1782 gegenwärtig. Die abgebildeten Gebäude ermöglichen auch eine Datierung der Ansicht: Der Stecher, Pierre-Gabriel Berthault, hat auch die Ansichten der öffentlichen Bäder und des Gradierhauses der Saline gezeichnet, während die von Sellier gestochene Kirche ein anderes früheres Projekt war. Das Ensemble muß zwischen 1780 und 1784 entworfen worden sein, als Ledoux, angeregt vom Programm der Académie für ein Preisausschreiben, den Markt nach dem Vorbild von La Clothe, dem Preisträger von 1783, umgezeichnet hat.[116]

[116] J. M. Pérouse de Montclos, *Les Prix de Rome,* Paris 1984.

Diese Pläne für Chaux aus den letzten Jahren vor der Revolution beschrieb Ledoux mit Worten, aus denen seine Verpflichtung gegenüber den Ideen der Physiokraten wie Trudaine oder Turgot spricht. Diese beiden waren es, die die strenge Trennung zwischen „sterilem" und „produktivem" Handeln, wie sie von Quesnay und Mirabeau als Gründern der Doktrin etabliert worden war, überwunden hatten zugunsten eines liberal geprägten Verständnisses der Stellung von Handel und Industrie im Wirtschaftskreislauf.[117] Das Bild des Kreises bedeutet viel für Ledoux: In ihm vereinen sich Wirtschaftskreislauf, natürlicher Wechsel der Jahreszeiten und die Formen seiner Architektur. Ledoux vergleicht den ovalen Grundriß der Stadt mit der „elliptischen" Bahn der Sonne und findet in der kreisförmigen Stadt, wie zuvor im kreisförmigen Theater, das Prinzip einer natürlichen Form: „In der Natur ist alles Kreis." (223) Wie nach einer Sage des Altertums die Milchstraße aus einem Tropfen Milch entstanden war, der von Junos Brust fiel, so entspringt Chaux für Ledoux aus einem Tropfen Wasser, Quelle der Bewässerung und auch der Salzlösung. Diese natürliche Verschmelzung von Quelle und Produkt, wie sie so dramatisch von den tropfenden Urnen an der Fassade der Saline symbolisiert wird, scheint für Ledoux auch in der Form der Stadt auf: Sie wurde auf der „Carte des Environs de la Saline de Chaux" sorgfältig schattiert, um sie einem Wassertropfen ähnlich zu machen.

[117] G. Weulersse, *La Physiocratie sous les ministères de Turgot et de Necker (1774–1781),* Paris 1950.

Diese Verankerung im Wirtschaftlichen wird noch dadurch bekräftigt, daß Ledoux auch in seinem Repertoire der Einrichtungen physiokratische Akzente setzt. Wie in Salins nutzen die öffentlichen Bäder das Salzwasser als natürliches Heilmittel für die Einwohner. (Später, im Gefängnis, bot Ledoux den französischen Armeen solche physiokratischen „Kliniken" an, als Preis für seine Freilassung.) Die Märkte sind nicht nur Umschlagplätze der Landwirtschaft, sondern zugleich auch Orte sozialer Hilfe und Bildung für die Armen. Krankenhäuser und Gefängnisse erübrigen sich, so die Physiokraten Baudeau und De Nemours, dank des guten Einflusses der natürlichen Umgebung. Die Börse schließlich würde nicht länger Zentrum korrupter Spekulationen und ruinöser Aktionen wie jener des John Law sein, sondern zu ihrer natürlichen Aufgabe zurückkehren, Handel und Arbeit zu regeln und zu fördern und deren Profite zum Wohl der Bedürftigen zu verteilen.

Gegen Ende der achtziger Jahre, als man bei Le Creusot große Schmelzen, Hochöfen und Glashütten errichtete, nahm sich Ledoux, beeinflußt von Calonne, ein Beispiel daran und ergänzte seine gemeinschaftlichen und landwirtschaftlichen Einrichtungen durch den Entwurf einer großen Kanonenfabrik. Sie sollte die Armeen im Osten Frankreichs versorgen.[118] An den Ecken des Fabrikgebäudes stehen vier riesige, als Pyramiden ausgebildete Hochöfen; entlang der Seiten sind die Werkstätten von Tischlern und Zimmerleuten, Gießern und Schmieden, Schlossern und Wagenmachern aufgereiht, als entstammten sie einem Tableau aus Diderots *Encyclopédie.* Im Zentrum liegen die eigentlichen Schmieden, ihre hohen kreuzförmig angeordneten Flügel schneiden sich im Haus des Direktors. Ein Kanal mit angeschlossenem Becken versorgt das gesamte Werk mit Wasser. Für die Umgebung des Werks, wie sie die perspektivische Zeichnung von Bovinet zeigt, entwarf Ledoux eine ganze *cité industrielle*, mit Häusern für Kaufleute, Künstler, Tischler, Großhändler und Handwerker aller Metiers. Hier entfaltet sich in idealer Form, was in der „Carte des Environs de la Saline de Chaux" einfach mit den Worten „Moulin de Roche" angedeutet war.

[118] C. Devillers, B. Huet, *Le Creusot,* Seyssel 1981.

Die Beschreibung der Ergebnisse, die Ledoux sich von einem solchen industriellen und kommerziellen Entwicklungsprojekt erhofft, gerät ihm zu einer fast wörtlichen Wiedergabe jener Denkschriften, die die Ingenieure der *ponts et chaussées* für den Aufbau eines neuen Kanalnetzes aufgesetzt hatten. Ledoux beschreibt Chaux als künftiges Zentrum eines weiten Handelsnetzes:

„Die Schnittlinie des großen Durchmessers führt über die Loüe, über weite Ebenen, die Stadt, den Wald, den Doubs, den Kanal von Genf und die Weidegründe der Schweiz; zur Linken tragen Maas, Mosel und Rhein, der Hafen von Anvers und die Nordmeere bis in die Wüsten Sibiriens jene früh gereiften und so begehrten Früchte unseres Handels und unserer Künste (...) Der kleine Durchmesser verbindet die Straßen von Arc und Senans, die Schmieden von Roche mit den Papier- und Wachsfabriken: welch eine Bewegung! Die einen polieren den Stahl, ziselieren das Kupfer, blasen das Kristall; die anderen gießen das vernichtende Metall, das das Recht der Völker wahrt." (72)

Da nun auch der Canal du Centre von Gauthey fertiggestellt, der Wasserweg zwischen Loire und Saône eröffnet und der Canal du Languedoc ausgebaut war, erscheint der Traum von Ledoux in den letzten Jahren des 18. Jahrhunderts kaum noch als utopisch. Viel eher läßt sich sagen, er sei saint-simonistisch.

11. Ländliche Architektur

„Wenn man dem kostbaren Boden seine Kultur zurückgibt, wenn man ihn den undankbaren Menschen entzieht, die nicht erkennen können, mit welchen Gaben er sie verschwenderisch überschüttet hätte; welch ein mächtiger Hebel, der die Lähmung beseitigen und die Industrie in Bewegung setzen könnte; welch unbegrenzte Möglichkeiten für die Wirtschaft!" (74)

Es waren zum einen die theoretischen Modelle der Physiokraten und ihrer Nachfolger, von denen Ledoux die „Formen" für seine Idealisierung von Chaux lernte, es waren zum anderen die praktischen Lehren der Agronomen, die ihm die funktionalen Programme für seine ländlichen Bauten zwischen 1780 und 1790 lieferten.[119] Während die Ökonomen ihre Spekulationen in Form von Systemen anboten, beschäftigten sich die Agronomen, selbsternannte Reformer der Landwirtschaft und ländlicher Bräuche, mit praktischem Wissen. Während der Physiokrat im Prinzip ein Philosoph ist, arbeitet der Agronom empirisch und didaktisch. Dem englischen Beispiel folgend, beschäftigten sich viele von Ledoux' Auftraggebern und Freunden mit neuen Methoden der Landwirtschaft: Saatwechsel, künstliche Aufzucht, Maschinen, Bewässerung, Einfriedung. Buffon arbeitete im Jardin du Roi und auf seinem Landgut in Montbard mit Trudaine de Montigny zusammen, der auf seinem eigenen Gut eine Musterschafzucht eingerichtet hatte; Turgot experimentierte im Berry; Malesherbes, ein enthusiastischer Botaniker, beschäftigte sich mit Baumzucht; Montesquiou schlug vor, ähnlich wie andere, ein Musterdorf für seine Bauern einzurichten. Im Mittelpunkt all dessen stand der Abbé Delille und gab dem modischen Trend „zurück aufs Land" autoritäre Gediegenheit und zeitgemäßen Ausdruck.

[119] A. J. Bourde, *Agronomie et agronomes en France au XVIIIe siècle*, Paris 1967.

Ledoux, mit seinen frühen Erfahrungen im ländlichen Bauen, die er bei seiner Arbeit für die *eaux et forêts,* bei den Ställen und Scheunen für Montesquiou und Madame Dubarry und beim Bau der Saline gemacht hatte, kannte sich in Fragen der Bewässerung, der Belüftung und Konstruktion gut aus. Sein Text liest sich manchmal wie eine Sammlung antiker und moderner landwirtschaftlicher Praktiken, von Plinius und Varro bis Pierre Vannière und Abbé Rozier. Kurz vor der Revolution entwarf er Modelle für einen „Gemeinschaftshof" und eine Schäferei, für die Organisation des Landguts von Louis de Boisgelin in La Roche-Bernard in der Normandie und für eine „ländliche Schule", wahrscheinlich im Auftrag des Duc de Béthune-Charost in Meillant, Cher.[120] Darin verwertete er alles, was man bis dahin wußte, und wandte alle Regeln der Reformer im großen Maßstab an, um ein Repertoire ländlicher Typen zu entwickeln, das ähnlich vollständig sein sollte wie das, was er für den städtischen Raum entworfen hatte. Seine Vision beschränkte sich nicht auf die Sicht der großen Reformprojekte für die *Seigneurs*. Ledoux war gleichermaßen interessiert an den Lebensformen und -notwendigkeiten des kleinen Pächters, und so zeichnete er Pläne für einen bescheidenen Hof, der von einem Bauern ohne große eigene Mittel bewirtschaftet werden konnte, für ein Gerätelager, für Hallen, in denen man das Getreide lagern konnte, und für eine gemeinsame Tränke für die Bauern von Chaux. Ledoux bediente sich der traditionellen Zuordnung – Räume für Vorräte und Tiere im Erdgeschoß, Räume für den Bauern, seine Familie und seine Bediensteten im Obergeschoß –

[120] Béthune-Charost initiierte 1784 einen Ideenwettbewerb für eine Landwirtschaftsschule in Meillant: *Vues générales sur l'organisation de l'instruction rurale*, Paris 1795.

und entwickelte daraus ländliche Bautypen mit ausreichender Belüftung und Abwasserentsorgung, die er mit palladianischen Motiven oder Bauformen aus der Toskana schmückte.

Ledoux führte einen engagierten Kampf gegen die Verwendung von Strohdächern für die Armen: „zerstört die Strohdächer, und ihr gebt dem Menschen seine Würde und seine Sicherheit zurück." (103) Gleichgesinnt mit François Cointereaux, dessen patentiertem Verfahren, die Häuser mit Lehm zu decken, noch kein Fehlschlag nachzuweisen war, zeichnete Ledoux eine Reihe von Entwürfen für kleine Häuser, in denen er den Grundbedürfnissen – „les besoins" – einer einzigen Familie voll zu entsprechen versuchte.[121] Hierbei bezog er sich auf die Wiederentdeckung der „Ursprünge", die in der ersten Hälfte seines Jahrhunderts stattgefunden hatte. Er aber hielt nichts von abstrakten und elementaren Strukturmodellen, wie sie zum Beispiel der Abbé Laugier vertrat; er zog es vor, die Architektur auf ihre sozialen Aufgaben zurückzuführen. Ledoux fand seine Ursprünge in primitiven Elementen, die typische Tätigkeiten beherbergen, und verband sie mit soliden, ökonomischen Konstruktionsweisen. Laugier hatte ein optimistisches Bild vom sich selbst versorgenden „Landmann" entworfen, der sein Haus aus den Stämmen des Waldes baut und dabei das ästhetische Grundmuster für alle folgende Architektur formt. Ledoux, vorausahnend, was spätere Kritiker, von Goethe bis Durand, sagen würden, nämlich daß Laugiers eigene Hütte aus vier Pfosten eine eher armselige Behausung war, kehrte die Doktrin aufs dramatischste um. In seiner *Architecture* stellt er die „Behausung der Armen", ironisch genug, als verkrüppelten Baumstamm dar, übriggeblieben auf dem steinigen Grund einer Insel inmitten der unendlichen und fürchterlichen See. Unter diesem „Schutz" sitzt ein nackter, frierender Bettler auf wenigen rauhen Steinen und streckt seine Hand gegen den Himmel, wo, zwischen Wolkenbänken, die die Strahlen der Sonne teilen – der Sonne der Aufklärung –, die Götter des Olymp und die Musen der Wissenschaften und Künste bereit sitzen, um ihre Gaben auszuschütten. „Die Architektur ist da", schrieb Ledoux, „umgeben von Wirbelstürmen". (195) Die Spezialisierung der Berufe hatte den Armen den Weg zur Selbsthilfe abgeschnitten; der moderne Architekt würde sie ihnen wiedergeben.

[121] Vgl. P. Morachiello, G. Teyssot, „La colonizzazione del territorio nel primo impero", in: *Lotus International*, 24, 1979.

Einige Zeit nach 1784, gleichzeitig mit seinen Entwürfen für die *barrières*, entwarf Ledoux ein Musterdorf für das Landgut Montesquious in Maupertuis, das all diese Gedanken in einer einzigen perspektivischen Zeichnung zusammenfaßt.[122] Eine Sammlung verschiedenster Variationen zu seinem ersten *Maison de commis* steht entlang zweier Straßen, die sich in der Mitte im rechten Winkel kreuzen. Jedes der Häuser hat ein anderes Dach und einen anderen Baukörper, jedes hat ein eigenes eingezäuntes

[122] Archives de Seine-et-Marne.

Oben: Die Arbeit der Köhler, Tafel aus der *Encyclopédie*.
Unten: Werkstatt der Holzfäller (aus: *l'Architecture . . .*, Tafel 102).

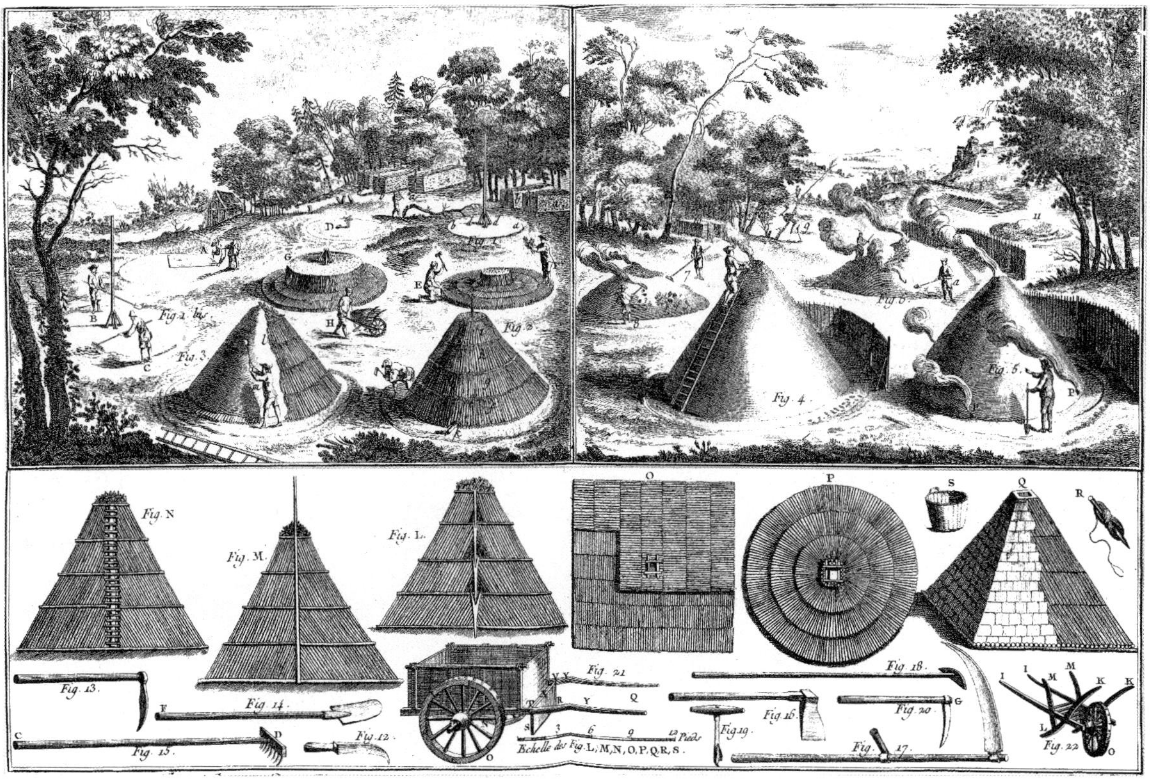

Linke Seite:
Oben: Die Werkstatt der Kreise für die Herstellung von Faßreifen (aus: *l'Architecture…,* Tafel 88);
unten: Haus der Flurwächter von Maupertuis (aus der *Edition Ramée,* Tafel 254).

Rechte Seite:
Oben: Ansicht und Schnitt des Hauses für die Waldaufseher;
in der Mitte: Werkstatt für die Holzsäger;
unten: Wohnhaus für die Holzfäller (aus: *l'Architecture…,* Tafeln 97, 32 und 102).

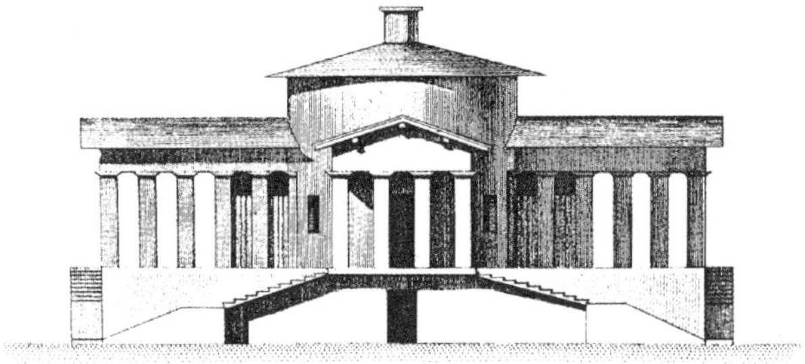
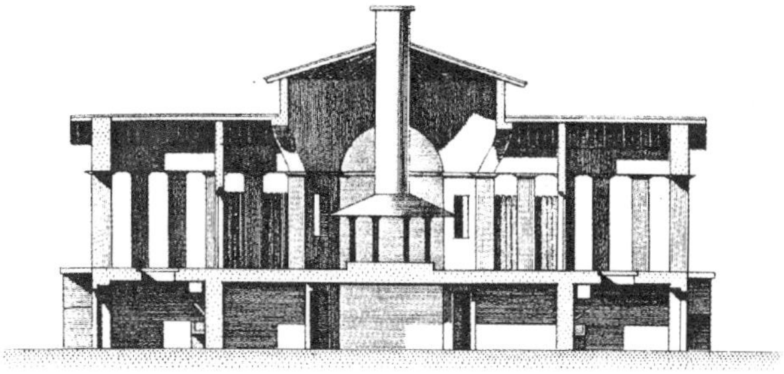
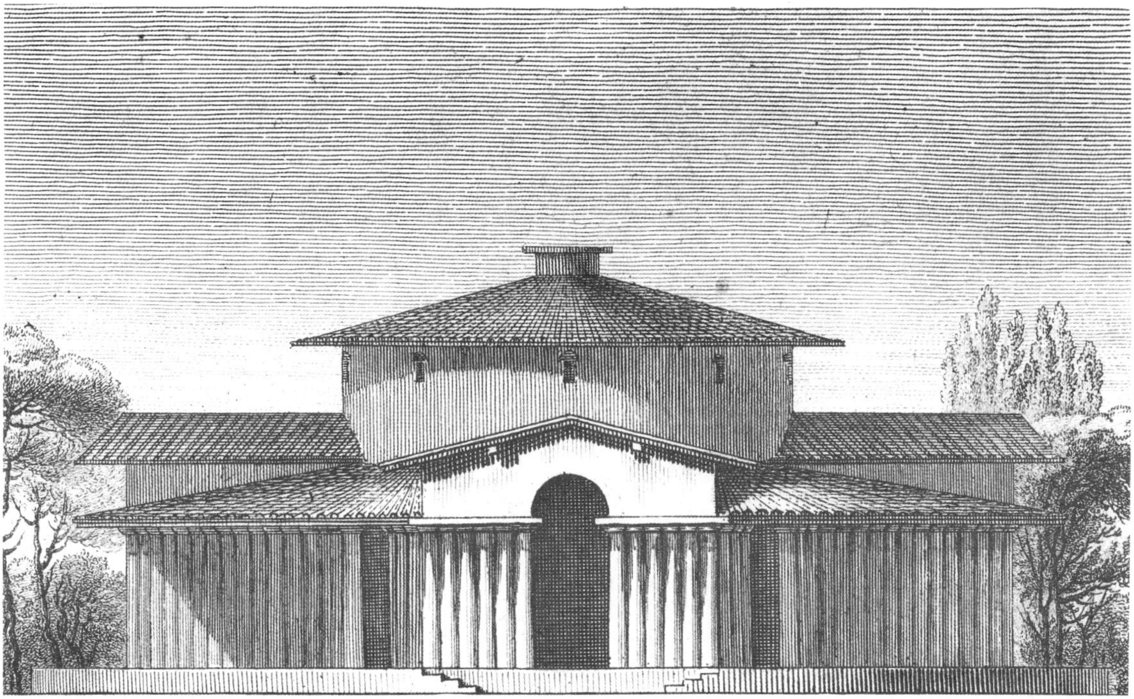

Stück Land mit Obstgarten, Bäumen, Gemüse- und Kräutergarten. Sie alle stehen an der Straße und grenzen auf der Rückseite an die gemeinsamen Felder des Dorfes. Im Hintergrund steht eine Figur, die aus der Enzyklopädie oder aus Roziers Abhandlung zur Landwirtschaft genommen sein könnte, und pflügt das Feld. Ins Zentrum des Dorfes stellt Ledoux die Kirche, doch er verwandelt sie in einen riesigen primitiven Tempel aus toskanischen Elementen, den er auf eine Pyramide aus Treppen stellt. Die Stufen werden im Inneren fortgesetzt und führen bis zum Altar. Eine Prozession von Dorfbewohnern, die ein wichtiges Ereignis feiern, zieht den Weg entlang zu diesem überragenden religiösen und weltlichen Mittelpunkt. Was an die glücklichen Visionen Rousseaus von den Bergdörfern um Neuchâtel erinnern könnte, wird in der väterlichen Version von Ledoux zum Bild einer Gemeinschaft, die sich, zusammengehalten durch ihre ländlichen Aufgaben und einen primitiven natürlichen Glauben, in einer Hierarchie zusammenfindet, die im Eigentümer des Landes gipfelt. Dieser wirkt als Meister der Zeremonien, als Deist und Freimaurer.

Um das Repertoire an ländlichen Bauten zu vervollständigen, zeichnete Ledoux um 1780 eine Reihe von Werkstätten, die der Wirtschaftlichkeit der Saline und der Verwertung des Waldes dienen sollten. Für die unaufhörliche Nachfrage nach Klafterholz, Bauholz, Kohle, Eisen, Körben und Fässern schien es sinnvoll, Werkstätten und Gemeinschaftshäuser für alle Arbeiter des Waldes zu entwerfen: für die Holzfäller, Zimmerleute, Kupferschmiede, Tischler und Köhler, und für die Feuerwächter, die Forstleute und Schleusenwärter.[123] Es waren separate Pavillons, hineingesetzt in Lichtungen, die durch ein Netzwerk von Alleen miteinander verbunden wurden. Die Pavillons erhielten jeder eine andere Form, sie dienten sozusagen als „Figur" der jeweiligen Produktion, durch ihre primitiven Ordnungen und ihr geometrisches Vokabular dramatisierten sie die ländlichen Tätigkeiten, die zuvor von Diderot und seinen Mitarbeitern geheiligt worden waren. In Ledoux' Vorstellung würden sie zum einen die Vorherrschaft der Saline über die Region manifestieren, zum anderen aber auch das Leben und die Sitten der ohne Zweifel rauhen Bevölkerung beeinflussen, die bis dahin, wenn man einem der zeitgenössischen Beobachter glauben darf, eher wie Wölfe im Wald gehaust hatten, halbnackt und spärlich geschützt durch Zweige und Blätter. In Ledoux' Ersatz für diese primitiven Behausungen gewannen die materiellen Bedingungen für ein glückliches Leben räumliche Form, so wie zuvor bei den Arbeiterhäusern innerhalb der Saline. Die Häuser waren alle um eine Feuerstätte geplant, mit Werkstätten und Schlafräumen rund um einen zentralen, doppelgeschossigen Raum, der den Gedanken an eine Gemeinschaft, wenn nicht gar Bruderschaft nahelegen sollte. Außen, aus unbearbeitetem Holz oder ähnlichem gebaut, wirkten ihre Formen symbolhaft für ihre ländliche

[123] Zur Beschreibung der Forstberufe vgl. M. Devèze, *La vie de la forêt française au XVIe siècle*, Paris 1961.

Haus des Schleusenwärters an der Loüe (aus der *Edition Ramée,* Tafel 110).

Bestimmung; die Häuser waren entweder mit einer Kuppel überwölbt, wie bei der Behausung der Köhler, oder mit einem Pyramidendach versehen, wie bei der zugehörigen Werkstatt.

In gewisser Weise kann man diese Häuschen als die primitive Version der bürgerlichen Stadthäuser ansehen. Ledoux war sich der tiefverwurzelten Gemeinschaft der Waldarbeiter, ihrer „Compagnonnage", sehr bewußt, und vielleicht versuchte er solche natürlichen Formen der Gemeinschaft durch Architektur abzubilden.[124] Auf der anderen Seite hat er, besonders bei drei seiner Häuser – dem Haus der Kupferschmiede, dem Haus des Schleusenwärters und dem Haus der Flurwächter – wirklich nach einer besonderen Sprache gesucht, einer charakteristischen, eindeutigen Bildersprache, mit der er zu den Menschen, die, ohne lesen und schreiben zu können, mit der Bildersprache der Bibel, der Kalender und der *Bibliothèque bleue* aufgewachsen waren, sprechen konnte.[125] Deshalb hat er mit Formen gearbeitet, die ihr Thema beinahe karikieren. Zum Beispiel sind die Kupferschmiede in einem Häuschen untergebracht, das aus zwei Zylindern überkreuz besteht, mit Einkerbungen, die an Fässer erinnern; der Schleusenwärter erhielt ein leitungsähnliches Haus, durch das das, was er beaufsichtigen soll, als Wasserfall hindurchfließt; die Flurwächter wurden unter ein kugelförmiges Dach gesetzt, das ihre universelle Wachsamkeit spiegeln soll. Dies ist in einer perspektivischen Zeichnung abgebildet, die Ledoux' meditative Bilderwelt deutlich zeigt: die Kugel des neuen Hauses steht auf der Spitze eines Dreiecks, das links von der alten Hütte aus Blättern und Zweigen und im Hintergrund von der aufgehenden Sonne bestimmt wird, ein Dreieck, das die Ursprünge des Entwurfs im Denken der Freimaurer verankert.

124 *Actes du colloque sur la forêt,* Besançon 1966, Paris 1967; Désiré Monnier, *Souvenirs d'un octogénaire de province,* Lons-le-Saunier 1871.

125 R. Mandrou, *De la culture populaire en France aux XVIIe et XVIIIe siècles,* Paris 1964.

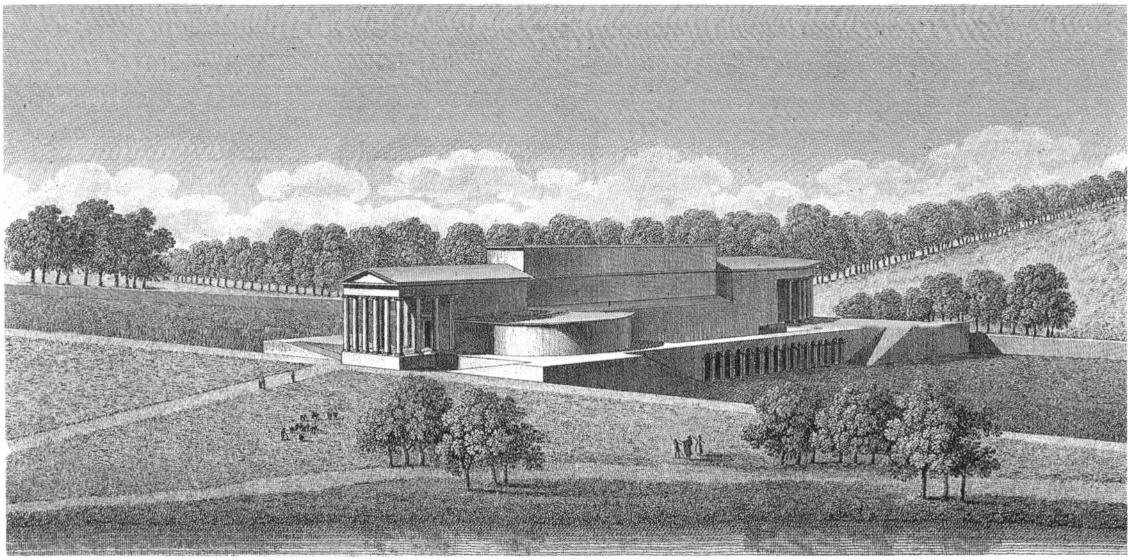

12. Tempel der Gemeinschaft

Linke Seite:
Oben: Bild des *Panaréthéon,* Tempel aller Tugenden (aus: *l'Architecture...,* Tafel 92); Mitte: Bild des *Oikéma,* Haus der Freuden (aus: *l'Architecture...,* Tafel 103); unten: Bild des *Pacifère,* Haus des Friedens (aus: *l'Architecture...,* Tafel 40).
Nächste Doppelseite: Links: Tempel der Erinnerung an die Frauen, Grundrisse, Schnitt, Ansicht und Perspektive (aus: *l'Architecture...,* Tafel 75); rechts: *Maison d'Union,* Gemeinschaftshaus, Grundrisse, Schnitt, Ansicht und Perspektive (aus: *l'Architecture...,* Tafel 43).

„Man wird ein Gebildeter oder ein Barbar, je nachdem, wie bei rauhem oder poliertem Stein, der Schliff dessen, was uns umgibt, seine Wirkung tut; Glück und Wohlbefinden können deshalb auch aus der Lust an gemeinschaftlichen Vergnügungen kommen..." (3)

Die Vorstellung von einem Ort, der durch seine Form und seine symbolische Ausprägung die gesellschaftlichen Sitten bilden und reformieren kann, war in Theorie und Praxis bürgerlicher und aristokratischer Gepflogenheiten im späten achtzehnten Jahrhundert tief verwurzelt. Besonders im Umkreis der Freimaurer.[126] In den letzten dreißig Jahren des Jahrhunderts, konsolidiert unter der Führung des *Grand Orient,* errang die Loge als Typus, real und metaphorisch, hohe Geltung als Paradigma für Gesellschaftlichkeit, als Ort der Freude in der Gemeinschaft. Ihre Organisation war darauf bedacht, in die Rituale der Initiation und anderer Feste einzuführen und sie zu strukturieren; ihre Architektur bezog sich auf die alten Zeichnungen der Maurerzünfte, die als Symbol für ein neues, soziales *Edifice* – in dem „Bauliches" und „Erbauliches" in eins fällt (Anm. d. Übers.) – gedeutet wurden; ihre Mitglieder waren Philosophen und Vertreter anderer geistiger Berufe, die ihre deistische und reformistische Ideologie sehr ernst nahmen; ihr Einfluß (man schätzt zehntausend Mitglieder allein für die Loge vom *Grand Orient,* nicht zu rechnen die schismatische *Grand Loge* und Hunderte quasi-freimaurerische Sekten) berührte jede gesellschaftliche Schicht. Sie verstärkten durch ihre Abhandlungen und ihren Symbolismus den weit verbreiteten Utopismus jener Zeit. Für den Architekten, dessen Traditionen die Loge zur Bereicherung ihrer eklektizistischen Ikonographie längst geplündert hatte, war eine Mitgliedschaft von besonderer Bedeutung. Nur dort, in diesen gemischten Kreisen, fand er ausreichend Schirmherrschaft für seine Unternehmungen.[127] Nicht nur für den Bau der Logenhäuser selbst ist ein solcher Architekt verantwortlich – Pierre Poncet, Charles de Wailly und der Ledoux-Schüler Sobre waren Architekten der Loge im buchstäblichen Sinn –, sondern er konnte auch auf ihre Rituale und die Symbole der Bruderschaft zurückgreifen, um andere institutionelle und soziale Projekte daraus abzuleiten.

So beeinflußte die Bilderwelt der Loge nicht nur die Architekten, für deren Mitgliedschaft es Beweise gibt, wie De Wailly, Brongniart, Le Camus de Mézières, Chalgrin, Vaudoyer und Cellerier, sondern auch jene, deren Anhängerschaft noch erwiesen werden muß, wie Boullée oder Ledoux. Sie übernahmen die Bilderwelt entweder als reine Dekoration oder, wie De Wailly, Boullée und Ledoux, als ernste Verkörperung ihrer Ideale. Ledoux' Repertoire für Bauten der Gesellschaft ist weder in seiner primitiven Geometrie noch in seiner rituellen, symbolischen Form denkbar ohne Bezug zu dieser allgegenwärtigen Bewegung.

Ledoux war mit der Atmosphäre der orthodoxen Logen durch seine Freunde und Bauherrn vertraut, aber er hatte auch Verbindung, wenn wir dem Zeugnis des englischen Autors William Beckford vertrauen wollen, zu einer eher unorthodoxen Loge am Rande von Paris, und das im Jahr 1784,

126 Anthony Vidler, „The Architecture of the Lodges", op. cit.; P. Chevalier, *Histoire de la franc-maçonnerie française,* Paris 1974.

127 Für eine Liste der orthodoxen Freimaurer in den Logen des *Grand Orient* vgl. A. Le Bihan, *Francs-maçons Parisiens du Grand Orient de France,* Paris 1966.

Maison de Campagne

Vue Perspective

Coupe

Élévation

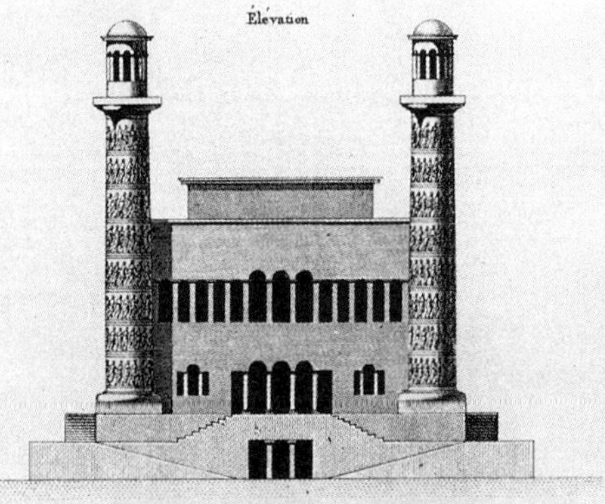

Second Étage

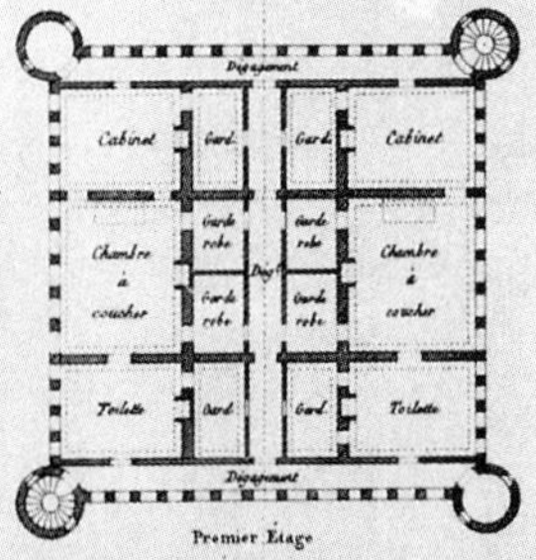

Troisième Étage

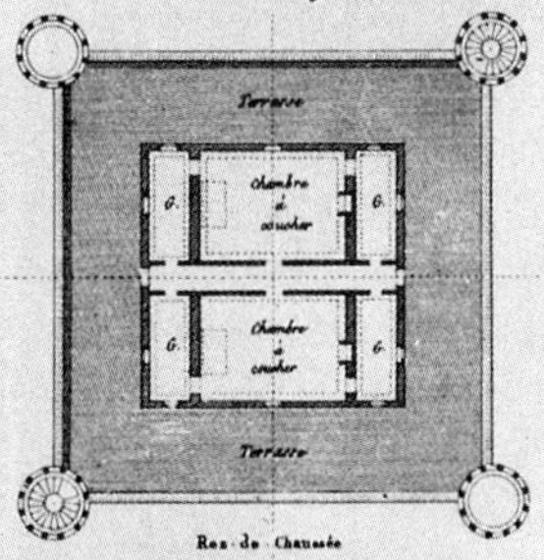

Premier Étage

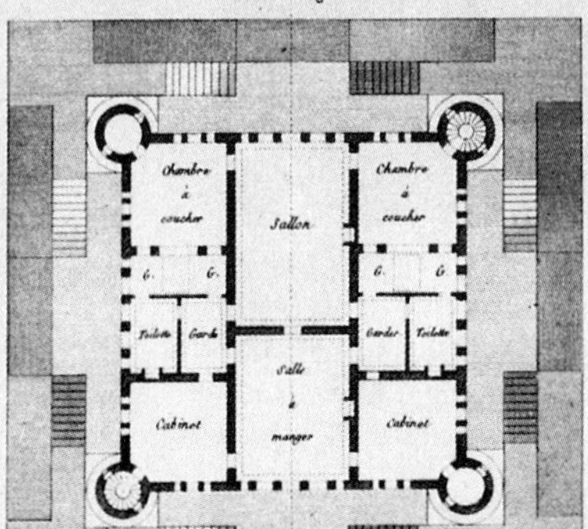

Rez-de-Chaussée

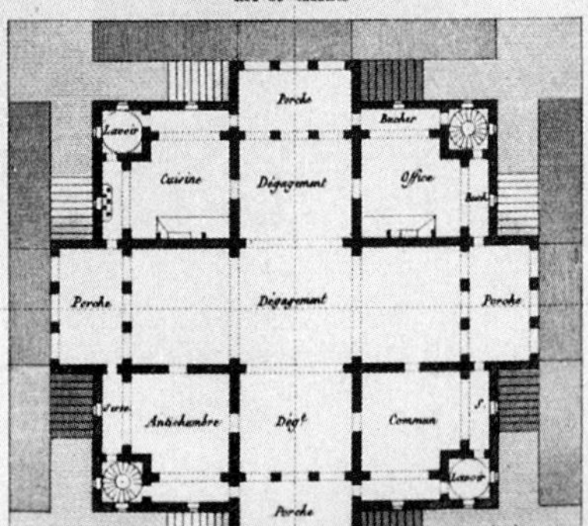

Echelle de 1 2 3 4 5 10 toises

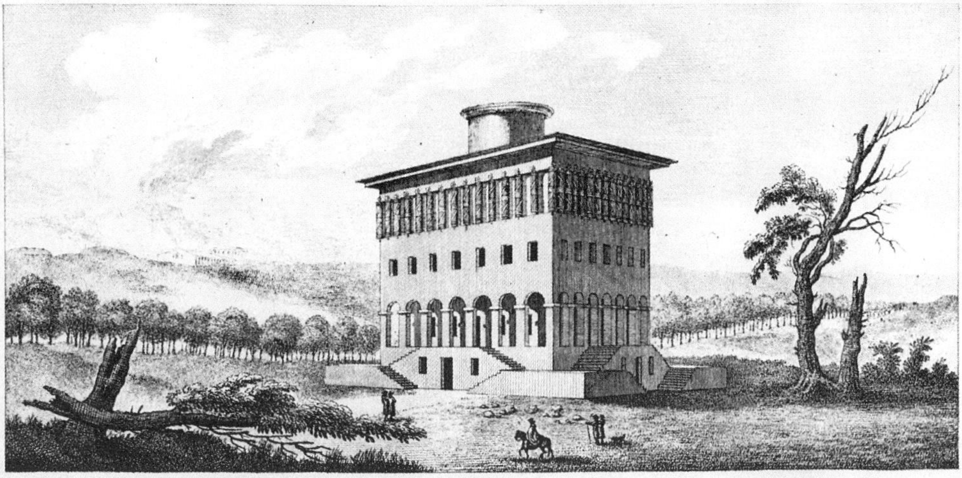

Élévation

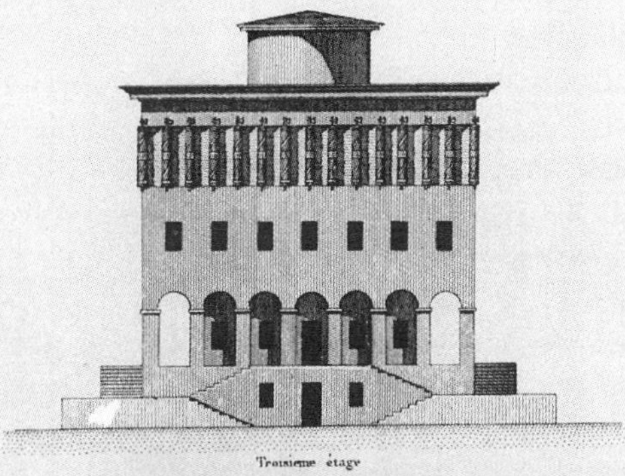

Coupe

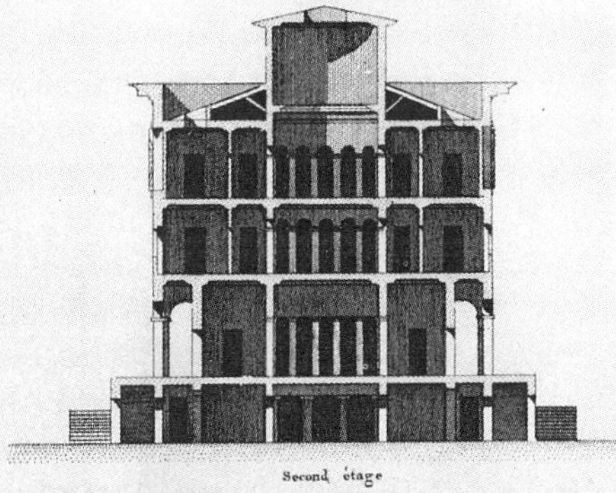

Troisieme étage

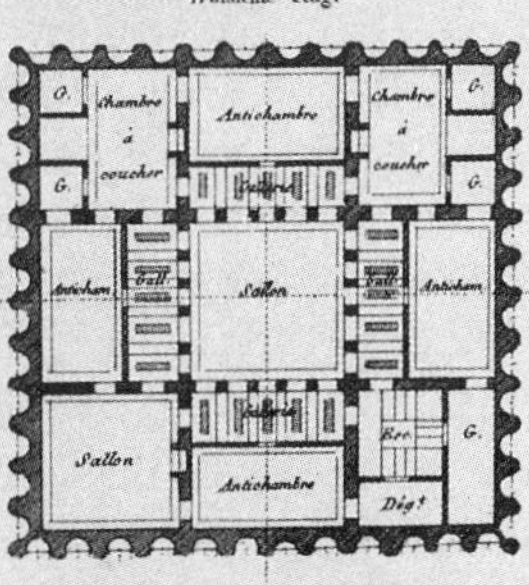

Second étage

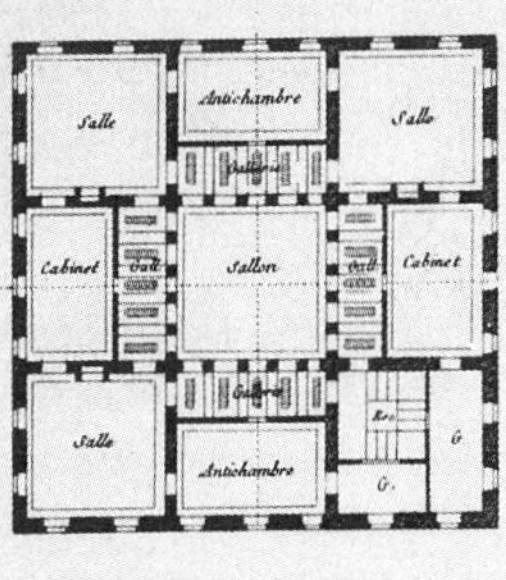

Premier étage

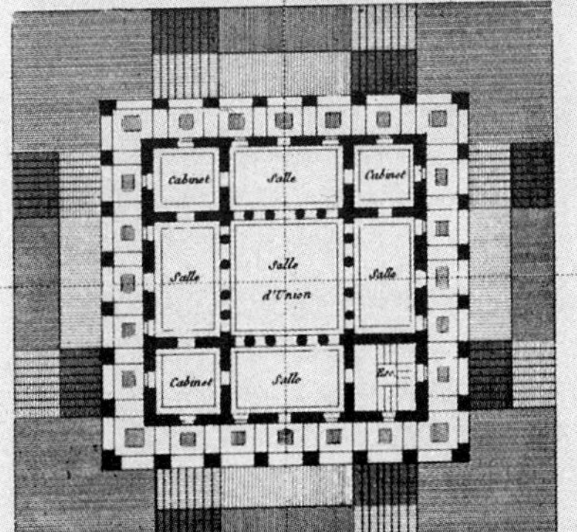

Rez-de-chaussée

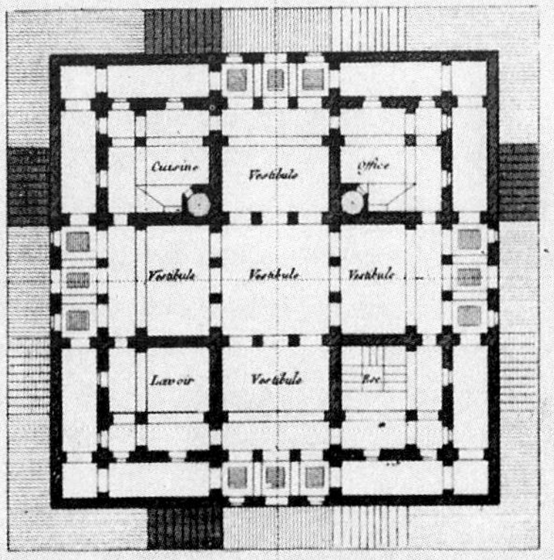

Echelle de 1 2 3 4 5 6 7 8 9 10 Toises

Le Doux Architecte du Roi

Gravé par Van Maelle et Simon

Haus der Erziehung, Ansicht und Schnitt (aus: *l'Architecture*..., Tafel 105).

Pl. 219

Élévation .

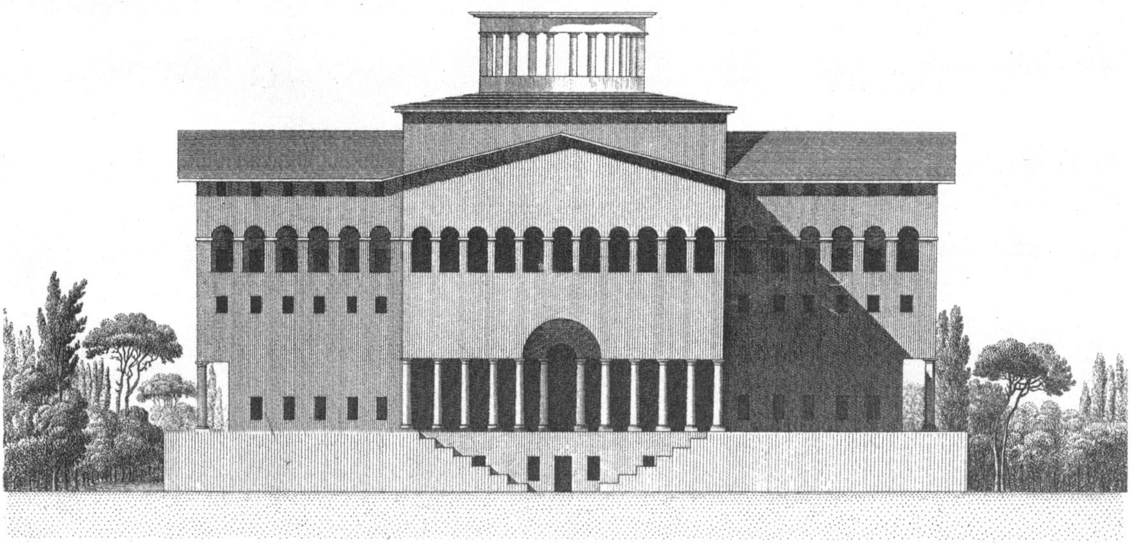

Coupe .

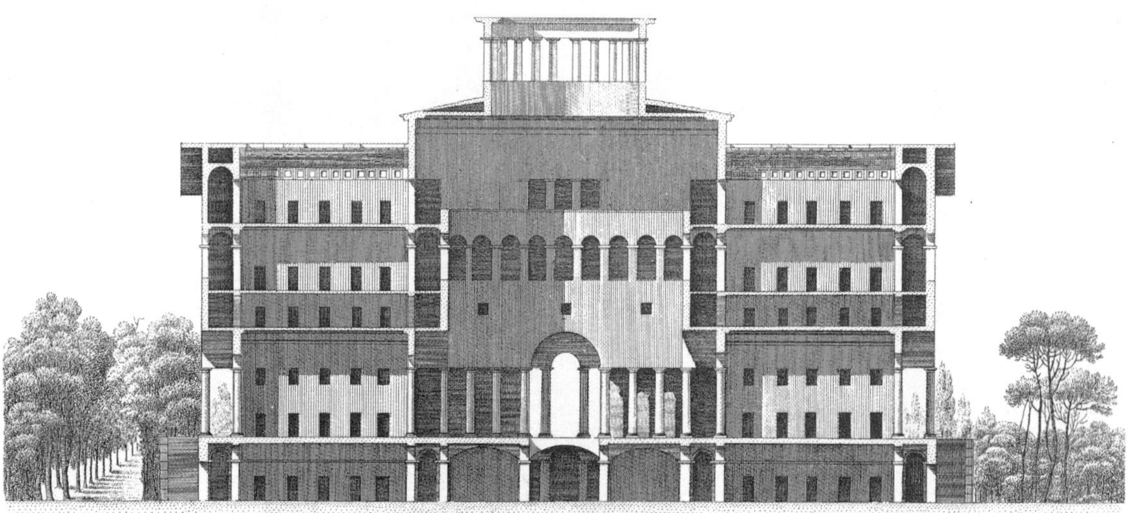

dem Jahr, in dem seine gewagtesten Experimente mit geometrischen Grundformen entstanden. In einem langen und vielleicht überdramatischen Brief beschreibt der vorromantische junge Dichter einen Besuch in dieser Loge in Begleitung von Ledoux, offensichtlich um dort ein Deckengemälde zu besichtigen, dessen Entwurf Beckford zuvor in Ledoux' Atelier gesehen hatte.[128] Die Architektur des Logenhauses, mit seiner Abfolge von Räumen zur Initiation, die sich, eine Art von Baugeschichte zelebrierend, von primitiven Holzstapeln in Pyramidenform über mittelalterliche Hallen, Häuser aus dem achtzehnten Jahrhundert bis zum Salon mit dem mesmerschen Becken steigerte, um endlich in eine „Kapelle" zu münden, die von einem einzigen Lichtstrahl erhellt wurde, war, so vermutete Beckford, eine Arbeit von Ledoux. Der Standort – angesiedelt in einer verlassenen Gegend und umgeben von einer hohen Mauer – ähnelte dem vieler Logenhäuser jener Zeit, von denen das der *Eveillés* das berühmteste war. Beckford vermutete außerdem, und das klingt bei Ledoux' Umgang nicht abwegig, eine Verbindung zum Umkreis des Duc d'Orléans.

[128] J. W. Oliver, *The life of William Beckford,* London 1932.

Sicherlich hat Ledoux seit der Mitte der achtziger Jahre mehr und mehr auf die Bilderwelt der Freimaurer zurückgegriffen, um seine idealisierten Arbeitsstätten zu entwerfen, und zur Zeit der Revolution verwendete er die Symbole, die Rituale und sogar einen idealisierten „Typus" der Loge in seinen utopischen Einrichtungen für die Stadt Chaux. Auf bestimmte Weise kann man dieses Utopia, das Ledoux in der *Architecture* als Ort sozialer Glückseligkeit beschreibt, entstanden durch die Bindungen der Brüderlichkeit, äußerlich sichtbar gemacht in seiner Architektur, als natürliche Weiterentwicklung von den Logenidealen zur sozialen Reform verstehen. Als sich die Loge vom *Grand Orient* während der Revolution zugunsten einer allgemeinen Verbrüderung auflöste, kehrte Ledoux, dem Arbeit und Brot verweigert war, zu einer persönlicheren Vision zurück, aus der eine neue Architektur erst hervorgehen sollte.

Auf dem Gelände des Waldes von Chaux, der einem Landschaftsgarten glich, und in der Ebene von Loüe plante Ledoux nach 1795 eine Reihe idealisierter Haustypen, jedes funktional und symbolisch einer bestimmten Wertigkeit zugeordnet. Das erste hieß *Pacifère,* es war eine bewußte neue Wortschöpfung – „Friedheit oder das Versöhnende", schrieb Ledoux, „wenn man Verderbtheit oder Ganzheit sagen kann, kann man auch Friedheit sagen". (113) Er knüpfte damit an die Tradition neuer Institutionen an, die aus Wortschöpfungen hervorgegangen waren, wie Rétif de la Bretonnes *Parthénion* oder, später, Fouriers *Phalanstère.* Das so benannte Gebäude stand in Ledoux' Stadt für das Gesetz, für die Gerechtigkeit; aber in seinen Augen würde die *ville naissante* wenig Bedarf an traditionellen Gefängnissen oder Gerichtsgebäuden haben: Chaux „wird vielleicht von weniger kriminellen Menschen bewohnt werden, sie werden ihrer Vernunft und ihrem gemeinsamen Interesse den Vorrang einräumen". (114) Versöhnung würde an die Stelle der Gefängnisstrafe treten, im Gebäude vorbereitet durch einen erhöhten öffentlichen Saal, der zu einem quadratischen Raum führt, mit einer runden Lichtöffnung nach oben. Ledoux erklärte, „die Form des Kubus ist das Symbol für die Gerechtigkeit, man stellt sie dar auf einem quadratischen Sockel, von wo aus sie das Unrecht bestraft und die Tugenden belohnt." (115) Auf den Außenwänden erscheinen Tafeln, wie Mosaiksteine zusammengefügt, die die Prinzipien der neuen Justiz und die Maximen der Moral verkünden. Sie werden gehalten von mächtigen Stützen in Form von Rutenbündeln als Symbol der Einheit. Die zentralen Tafeln an beiden Enden des rechteckigen öffentlichen Saals dienen als Türen, sind sie zu, wirkt alles wie hermetisch verschlossen und versiegelt. An allen vier Ecken brennen ewige Flammen im Dreifuß; links ist eine Versöhnungsszene dargestellt: zwei Gegner tragen, unter der Aufsicht von Wachen, einen Kampf aus.

Weniger tempelähnlich, aber im Prinzip als reinen Würfel, entwirft er das *Maison d'Union,* einer universalen Gemeinschaft geweiht, deren natürliches Prinzip, so Ledoux, notwendig sei zur Aufrechterhaltung der Ordnung. Auf den Wänden des Kubus, der durch ein zylindrisches Licht von oben erhellt wird, stehen Lehrsprüche wie die von François Marmontel, die die Einigkeit und ihre Wohltaten preisen. Wie eine allgemeine Grundschule bietet sich dieses Gebäude als „öffentliche Lehranstalt" mit allen dafür notwendigen Einrichtungen an, finanziell getragen werden sollte es von der Generalpacht (durch die Erhebung von Steuern in Höhe eines Sou auf jeden Salzkuchen). Zum Haus des Friedens und der Gemeinschaft kommt ein drittes, das auf den Namen *Panaréthéon* oder „Vollendete Tugend" getauft wird. Es ist ein Würfel, der durch zwei Geschosse aus Rampen und Arkaden erhöht wird. In seinem Inneren liegt ein zylindrischer Versammlungsraum, wie die anderen von oben belichtet. Es ist eine bildhafte Schule der Tugend, „eine Schule der Moral, in der die Pflicht des Mannes gelehrt wird". Hier wird der Würfel zum Symbol der Unveränderlichkeit, er umgibt die versammelten Schüler, die ihrerseits den lehrenden Philosophen in ihrer Mitte umringen. Die Rampen symbolisieren Stufen der Vollendung und führen, ähnlich wie bei den Freimaurern, allmählich zum höchsten Raum hin. Die Wände sind geschmückt mit Allegorien zu Form und Schönheit – die Grazien, die Tage, die Stunden, die Weisheit in der Gestalt Minervas, der „Kanon" des Polyklet und darüber hinaus alle möglichen sozialen Tugenden. Gestaltet nach den Vorstellungen Winckelmanns wirkt es wie ein Museum der Symbole, oder anders, wie ein frühklassizistisches Theater der Erinnerung. Es nimmt, so sagt man, die eher historistischen Pantheons von Canova bis Schinkel vorweg.

Eine Interpretation von Ledoux' symbolischen Entwürfen als Beginn einer „Kunst der Erinnerung" scheint gerechtfertigt, wenn man noch einen vierten betrachtet, den *Temple de Mémoire,* den Tempel der Erinnerung an die Frauen. Seine Funktion signalisieren vier monumentale Trajanssäulen an den Ecken, die, wie bei Fischer von Erlach, von kleinen orientalischen Minaretten gekrönt werden. Sie akzentuieren die irreale Welt von Chaux, die, wie eine orientalische Erzählung von Crébillon oder Diderot, ins Irgendwo zwischen Ost und West plaziert ist. Die Säulen sind eingewikkelt in Basreliefs, die vom Heldentum der Frauen erzählen, von bekannten und unbekannten Heldinnen, von Hausfrauen und Lehrerinnen, die die Moral an die Jugend weitergeben. Diese Loge, die den Frauen gewidmet ist, *Loge d'Adoption* genannt, bildet ein Gegengewicht zu den streng männlichen Eigenschaften der anderen Logen. Der Architekt träumt davon, dort begraben zu werden, um inmitten dieser leidenschaftlichen Tugenden zu ruhen.

Es lassen sich noch viele andere Symbole der Freimaurer in Ledoux' Entwurf für eine ideale Stadt finden, von den gefallenen Säulen und den drei tanzenden Kindern im *Maison d'Education* bis hin zu dem höchst freizügigen Weg der Weihung, der sich aus dem phallischen Plan für *l'Oikéma* herauslesen läßt. Doch ebenso wie Ledoux versucht hatte, eine strikte Übernahme historischer Zitate bei der Entwicklung seiner Stadthaustypen zu vermeiden, so entfernt er sich auch hier von einem eklektischen oder allzu wortwörtlichen Freimaurertum, er vertraut einzig auf die heilende Abstraktion der Geometrie. Sein *Système symbolique* führt die Architektur auf Universalia zurück und erlaubt ihr, sich in einer geschichtslosen Welt zu bewegen, einer Welt, in der die Schlüssel zur Bedeutung weniger in genauen ikonographischen oder stilistischen Bezügen – Freude aller Kunsthistoriker – zu finden sind, sondern in der Mitteilung, die von einer präzisen Transformation innerhalb einer Kette von Transformationen vermittelt wird. Die Pläne zeigen es: Palladios Raster aus neun Quadraten läßt sich anscheinend unendlich variieren – in allen drei Dimensionen, in Masse und Volumen.

In diesem Sinn läßt sich Ledoux, wie Kaufmann es getan hat, wohl als Vorbild von Durand und Dubut bezeichnen, allerdings mit einem entscheidenden Unterschied. Ledoux' Transformationen sind niemals willkürlich, niemals unabhängig von Bedeutungen, nie kann man sie in Grundriß, Fassade und Schnitt zerlegen und systematisieren. Jeder Entwurf ist sorgfältig auf seine zukünftige Nutzung hin kalkuliert, gestaltet mit den Mitteln eines bedeutungsvollen Repertoires aus räumlichen Anordnungen, vertikal und horizontal, belichtet und unbelichtet, zentral oder peripher. Hinzugefügte architektonische Motive konnten die klare Botschaft der räumlichen

Der Friedhof von Chaux, Schnitt und Grundriß (aus: *l'Architecture*..., Tafel 99).

Anordnung nur verschleiern, und dennoch wählte Ledoux meist ein oder zwei aus und baute sie ein als bewußten Widerspruch zur Botschaft der klaren Wände, die die innere Struktur spiegelten; einfach aus Freude an der kontrastierenden Wirkung. Vollendet ist ein Bauwerk dann, wenn das innere Volumen und die äußere Masse, untrennbar miteinander verbunden, Bedeutung erlangen und dann als Symbol dieser Bedeutung gelesen werden können.

Die Vorliebe Ledoux' aber galt dem Friedhof von Chaux. Eine halbeingegrabene Kugel, hineingesetzt in den Steinbruch, aus dem man die Häuser von Chaux gebaut haben würde, bildet die Mitte von drei Ebenen von Katakomben, die, wie bei einer Idealstadt, radial erschlossen werden. Die Hülle der Kugel ist undurchdringlich, außer vielleicht von den Geistern der Toten, die, wie die Lebenden, einen eigenen Versammlungsort haben. Von außen ist die Hülle glatt und eben, als sei sie aus dem natürlichen Fels gehauen, der sich über der flachen und verlassenen Gegend erhebt; das Innere, von einem einzigen runden Licht im Scheitel erhellt, vermittelt, in den Worten Ledoux', „ein Bild vom Nichts". (195) Die allegorische Interpretation liefert Ledoux in einem Blatt, das er *Elévation du cimetière de la ville de Chaux* (Aufriß des Friedhofs von Chaux, Tafel 100) betitelt, in dem die Erde, den Friedhof bedeutend, durch Wolken halbverdeckt inmitten der Planeten schwebt, jeder von ihnen durch sein astrologisches Merkmal gekennzeichnet. Dieses Bild zeigt genau, was Ledoux mit einer *Architecture parlante* meinte: erhaben durch Größe und Einfachheit und doch durch die symbolische Form sofort erkennbar. Seine lautere Poesie weist alle direkten historischen Bezüge ab, sie ist weder griechisch-romanisch wie die des Court de Gébelin oder des Viel de Saint-Maux, noch ägyptisierend wie die eines Boullée.[129] Ledoux schafft hier nichts anderes als eine meditative Form, schwebend zwischen Himmel und Erde, ein Zeichen für Natur, die ohne den Architekten nichts wäre als ein riesiger Friedhof.

[129] Anthony Vidler, *The Writing of the Walls*, Princeton 1986.

Die Häuser Hostein. Oben: Ansicht (aus: *l'Architecture...*, Tafel 257); unten: Aquarell der Häuser, angefertigt im Auftrag des Unternehmers Delarbre, 1792.

Die letzten Jahre

„Vor dem Herbst meines Lebens haben höhere Gewalten das Band meines Schaffens durchschnitten. Mit einem Schlag geriet meine durch lange Arbeit erreichte Position in unwürdige Hände: Ich habe die Früchte meiner dreißig Jahre währenden ehrenvollen Dienste verloren. In dem Strudel, der alles verschlingt, ist es unmöglich, daß nicht ein Teil meiner Selbst nach dem anderen verlangte." (33)

Während der Revolutionsjahre und der ersten Jahre des Empire war Ledoux nahezu ohne Arbeit; er hatte kein Geld mehr und keine Freunde. Seine engen Verbindungen zu den Höfen von Ludwig XV. und Ludwig XVI., vor allem zu der verhaßten Dubarry, dazu seine fortdauernden Kontakte zu der emigrierten Aristokratie (besonders zu Calonne in London) und vor allem sein Ruf als Architekt der Generalpacht, all das machte jeden Auftrag an Ledoux unmöglich und verdammte ihn zu einer Art innerer Emigration. In den ersten Monaten nach seiner Entlassung als Architekt der *barrières* entwickelte er einen trotzigen Optimismus, versuchte seine Forderungen nach Entschädigung durchzusetzen und korrespondierte weiterhin mit den Unternehmern in Aix. Aus seinem Zwischengeschoß im Palais-Royale, in Gesellschaft von Joseph Vernet, dem Maler, und Le Peletier de Saint-Fargeau, dem künftigen Märtyrer der Revolution, verfolgte Ledoux die Ereignisse seiner Zeit, die ihn berührt, aber noch nicht zerstört hatten. Auch diesmal wieder stellte er sich in seinem Kreis auf die Seite der vorsichtigen Reform: Er war Mitglied im *Club de Valois,* in dem unter der Patronage des Duc d'Orléans auch Condorcet, La Rochefoucauld, Sieyès und der Duc de Montmorency verkehrten.

Tatsächlich öffnete Ledoux sein Büro noch einmal, zu Beginn des Jahres 1792, mit einem Auftrag über fünfzehn Häuser für den reichen Zuckerplantagenbesitzer Jean-Baptiste Hosten. Der Bauherr lebte im Londoner Exil, wo so viele der früheren Förderer von Ledoux Schutz gefunden hatten. Seine Siedlung, zu der auch sein eigenes Wohnhaus gehörte, sollte auf Terrassen um einen Landschaftsgarten entstehen, für den kleine Tempel zu entwerfen waren, Pavillons, die Garagen verbargen, und ein gewundener See mit einer Brücke. In dem Entwurf von Ledoux bildeten vier Häuser mit hohem, Bossenwerk tragendem Erdgeschoß ein von Höfen unterbrochenes Ensemble. Der Stil war palladianisch, sehr reduziert in Motiven und Schmuck. Das Innendekor leitete sich aus Herkulaneum her, eine letzte Hommage an die neuentdeckte Geschichte. Die Malereien stammten von Hubert Robert. Im Sommer dieses Jahres fühlte sich Ledoux sicher genug, um ein neues Anwesen zu erwerben und seine Kandidatur für einen Sitz in der *Académie* anzumelden – womit er allerdings an Davids erfolgreicher Kampagne für die Schließung im August scheiterte.

Doch diese Zeit des Aufatmens war bald zu Ende. Im August starb seine Frau, von der er anscheinend schon länger getrennt gelebt hatte, im Haus von Monclar, einem früheren Bauherrn der Saline. Zu Beginn des Jahres 1793 borgte sich Ledoux schon von mehreren Freunden Geld, und als er am 29. November zusammen mit vierzehn anderen Verdächtigen vom *Comité révolutionnaire* des Faubourg du Nord verhaftet wurde, schien auch er zu dem Schicksal verdammt, das viele seiner früheren Freunde und Förderer ereilt hatte. Er versuchte seine Identität zu verbergen: „Ich werde unterbrochen“, schreibt er auf Seite 230 seines Textes, „das Beil der Nation war erhoben, man ruft Ledoux, doch das bin ich nicht (...), das war ein Doktor der Sorbonne gleichen Namens. Unglückliches Opfer! (...) Ich fahre fort.“ Doch die Verantwortlichen wußten recht genau um seine Vergangenheit: Sie klagten ihn an, für die *ci-devant,* die früheren Adligen, besonders für die Dubarry gearbeitet zu haben; ein Leben zu führen, das einem arbeitslosen Architekten nicht gebühre, und noch immer Koch, Kutscher und Diener zu beschäftigen; auf der Forderung nach Entschädigung für die *barrières* zu bestehen; 1788 Kontakte zum *cordon noire* gesucht zu haben; und schließlich: Mitglied im *Club de Valois* zu sein. Außerdem habe er einen deutlichen Wandel seiner Haltung nach 1789 vermissen lassen und auch der Hinrichtung Ludwig XVI. nicht den genügenden Beifall gezollt.[130]

[130] Archives nationales, F^7 4774^{11}.

Mit Hilfe seiner Tochter Alexandrine bereitete Ledoux nun seine Verteidigung vor. In einem Brief vom Juli 1794 nahm Alexandrine zu den Anklagepunkten Stellung; es folgten viele anrührende Bittbriefe der beiden Töchter, die schon ihre Mutter verloren hatten und ohne den geliebten Vater nicht leben könnten – wobei diese Gefühle im späteren Erbschaftsstreit bald vergessen waren. Ledoux selbst betrachtete die Lage wie immer praktisch: Den Wert seiner Arbeit hatte er in zwanzig Jahren der Suche nach den wahren Prinzipien der Architektur bereits beweisen; so legte er dem Komitee die Entwürfe zu einem großen Buch vor und bat um die Erlaubnis, sein zutiefst republikanisches Werk fortsetzen zu dürfen, mit Hilfe jener Aufzeichnungen und Skizzen, die sich noch immer versiegelt in seinem Haus befanden. Schließlich, in einem Brief vom ersten Thermidor, acht Tage vor dem Sturz Robespierres, bot er seine Entwürfe von landwirtschaftlichen Einrichtungen, öffentlichen Bädern und ähnlichem als Preis für seine Freiheit an.[131] Am 13. Januar 1795 wurde Ledoux dann freigelassen, ohne daß seine Versprechungen dabei eine Rolle gespielt hätten. Ihn erwartete ein zehn Jahre währender Erbstreit gegen seine jüngere Tochter, die sich die Erbschaft ihrer Mutter sichern wollte, bevor sie von den Kosten für die Stiche ihres Vaters verbraucht würde.

[131] ebd.

Während des Jahres im Gefängnis hatte Ledoux sein Manuskript vorangetrieben, auch ein niemals veröffentlichtes *Mémoire* über die *barrières* entworfen und vor allem Pläne für die Veröffentlichung seines Werks in fünf Bänden gemacht. Dieser Aufgabe widmete er die letzten elf Jahre seines Lebens. Während er noch versuchte, so viele Tafeln wie möglich zu erstellen, veröffentlichte er 1802 einen *Prospectus* und 1804 den ersten Band. Ledoux triumphierte, trotz seiner unsicheren finanziellen Lage. Dieses Werk würde ihn vor der Nachwelt rechtfertigen. An Mignard, einen der Auftraggeber in Aix, schrieb er 1803: „Es ist mit Kraft und in einem guten Ton geschrieben. Es wird gedruckt, und das Buch ist von noch größerer Pracht: Ich glaube, daß dies einen großen Eindruck machen wird." In einer Analogie, die sich auf das Eingangstor der Saline von Chaux, seinen ersten großen Auftrag, bezieht, vergleicht Ledoux sich im *Prospectus* mit dem aus jahrzehntelangem Schlaf erwachenden Epimenides von Knossos, dem Begründer der Orphik. Die Rezensionen des ersten Bandes waren dann in der Tat allgemein positiv, auch wenn die im *Journal des bâtiments* erschienene Besprechung wohl in weiten Teilen von ihm selbst verfaßt war.

Das Buch hatte, bis es in dieser Form erschien, eine lange Entwicklung durchlaufen. Zu Beginn der achtziger Jahre hatte Ledoux es als Katalog seiner Bauten und Entwürfe konzipiert; diese Sammlung von Tafeln war oftmals angekündigt und in wechselnden Fassungen, doch stets ohne Text, mehreren einanderfolgenden Ministern der Finanzen und ausgewählten Förderern vorgelegt worden – unter anderem Paul I. von Rußland, der 1782 die Widmung angenommen und endlich im Frühjahr 1789 von Ledoux 273 Zeichnungen empfangen hatte. Aus diesem Jahr stammt auch die erste gravierte Titelseite. Das schlicht *L'Architecture* genannte Werk bildete eine „Sammlung, die alle in der gesellschaftlichen Ordnung erscheinenden Bauten umfaßt", soweit sie zwischen 1768 und 1789 vollendet oder begonnen worden waren. Die Bezeichnung *premier volume* stammt anscheinend aus einer späteren Zeit. Das Inhaltsverzeichnis enthält nur tatsächlich erfolgte Aufträge, die *cité ideale* wird darin nicht erwähnt. Nach der Revolution nahm der Text eine Wendung ins Theoretische und Literarische: Ledoux stellte Teile seiner Schriften, Briefe an Auftraggeber und Freunde, rechtfertigende Denkschriften und offizielle Berichte (einige davon bis 1776 zurückreichend) zusammen und band sie ein in Reflexionen über die Architektur und über seine eigene Karriere. Den ersten Hinweis auf diesen Wandel gibt eine im September 1800 erschienene Zusammenfassung für das *Institut,* in der Ledoux seine während der Gefangenschaft entwickelte Haltung bestätigte. Der Titel des Werks sollte nun lauten: *Architecture sentimentale, enthaltend alle in der gesellschaftlichen Ordnung bekannten Arten von Bauwerken.* Sechs Bände wurden angekündigt.[132]

[132] H. Ottomeyer, „Autobiographies d'architectes parisiens, 1759–1811", in: *Bulletin de la Société de l'histoire de Paris, 1971,* 1974.

Ganz eindeutig ging es Ledoux nun um eine theoretische Abhandlung über die Wirkung von Kunst und Architektur auf die Sinne, um eine psychologische Ästhetik, wie sie bei Delille, Rousseau, Watelet, Le Camus de Mézières literarischen Ausdruck gefunden hatte und auch in einem unter Eingeweihten berühmten Aufsatz des 1799 verstorbenen Boullée. Damit aber trat Ledoux in Konkurrenz zu den anderen Mitgliedern der *Acadé-*

mie: In Erweiterung der früher angekündigten Liste von Bautypen und Projekten nannte er sein Werk jetzt „eine Enzyklopädie oder ein Museum der Architektur". Damit stellte er es nicht nur neben jenes von Diderot, sondern auch in den größeren Zusammenhang der Geburt des Museums als didaktischer Institution. Der Traum von Blondel war es gewesen, ein Museum von Modellen für die studentische Ausbildung zu schaffen; Louis François Cassas baute gerade seine eigene Sammlung auf, die 1806 öffentlich ausgestellt wurde; der Louvre nahm langsam alle Züge eines kunsthistorischen Museums an und zeigte die Beute aus Napoleons Zügen nach Ägypten und Italien, und Alexandre Lenoir hatte sein *Musée des Monuments Français* bereits für das Publikum geöffnet. Ledoux schloß sich dieser Entwicklung an, und mit dem Titel *Architecture sentimentale* wollte er sicherlich zu verstehen geben, daß auch sein Werk den Musen gewidmet war.

In seinem Vorentwurf zum *Prospectus* stellte Ledoux seine Sicht von den Beziehungen der Architektur zur Gesellschaft deutlich heraus. Sein Werk würde von den „sozialen Tugenden" handeln, von der „politischen Ökonomie", von „Handel" und „Industrie", von all den „fortschrittlichen Ideen", die mit den großen philosophischen Strömungen der Aufklärung verbunden waren. In Einklang mit der Methode der *philosophes* würden diese Ideen auf ihre „Ursprünge" zurückgeführt:

> „auf den Ursprung von allem, auf den Ursprung der ersten Riten, die von der Moral und der Architektur übernommen werden, auf ihre Entwicklung, auf ihre Irrwege (...) Die moralische und philosophische Absicht dieses Werks ist es, dies alles abzustützen auf die Prinzipien der Natur, auf jenes allumfassende System, das das Glück der größtmöglichen Menge von Menschen bewirkt."[133]

[133] ebd.

Von ihren Ursprüngen in den ältesten Religionen bis zu ihren jüngsten Fortschritten, von ihren natürlichen Prinzipien bis zu ihrer Rolle als Garant des Glücks für die vielen stand die Architektur im Zentrum dieser philosophischen und moralischen Reflexionen. Der endgültige Titel des Werks, der auf ähnliche Titel von Bentham, Madame de Staël und Preisträgern des *Institut* anspielte, unterstrich den großen Anspruch. Ledoux schuf eine eigenartige Mischung aus aufklärerischer Strenge und vorromantischer Sentimentalität, die es, über den sehr anspielungsreichen Stil hinaus, auch konzeptionell seinen Zeitgenossen schwer machte, ihm zu folgen. So entstand der Mythos vom „unlesbaren" Ledoux.

In den zwei Jahren nach Erscheinen der *Architecture* wartete Ledoux voller Hoffnung auf eine Anerkennung, die niemals kam. „Diese architektonische Metaphysik", wie es der Architekt Detournelles nannte, eine Verbindung des Sublimen mit dem Karikaturhaften, fand nur wenige Bewunderer in der großen Zeit des Empire. Ledoux aber blieb bis zuletzt optimistisch. 1803 empfing er den neuen Bürgermeister von Aix; er pflegte alte Freundschaften: Delille war 1802 aus dem Exil zurückgekehrt, und Le Roy und Vaudoyer versuchten ihn 1806 an einer neuen Unternehmung zu interessieren, ihrer *Société académique d'architecture.* Er nahm an der Jury der *Ecole impériale des beaux-arts* teil und erneuerte sogar in seinem letzten Jahr seine berufliche Qualifikation mit einer offiziellen Lizenz. Am 12. November 1806 machte Ledoux wegen einer schon mehrere Monate währenden Krankheit sein Testament und teilte seine Güter zwischen der einzigen Tochter, die ihm geblieben war, und seinem Schützling Pierre Vignon. Sieben Tage später starb Ledoux an Paralyse. Am Tag seiner Beerdigung folgten trotz des Regens viele Menschen dem Leichenzug zum Fuß des Montmartre; Luce de Lancival und Vignon lasen Elogen und Gedichte, und man kündigte einen Wettbewerb unter seinem Namen an. Der zweite Preisträger sollte die *Architecture* erhalten. Es ist unwahrscheinlich, daß der Preis jemals abgeholt worden ist.[134]

[134] *Annales de l'architecture et des arts,* 41, 20. November 1806.

Chronologie

1736
Claude-Nicolas Ledoux wird am 23. März in Dormans, Marne, geboren.

1749–53
Studium am Collège de Beauvais, Paris.

1753–58
Studium an der von Jacques-François Blondel gegründeten Ecole des Arts.

1762
Ausstattung des Kaffeehauses, Café Militaire, in der rue Saint-Honoré.

1763–66
Arbeiten am Château de Maupertuis-Orangerie, Fasanerie, Kapelle, Nebengebäude, Pavillons für die Landwächter und den Pförtner, Parkanlage – für den Marquis de Montesquiou.

1764–67
Rekonstruktion des Château de Montfermeil, Seine-Saint-Denis, für den Präsidenten Jean-Hyacinthe-Louis-Emmanuel Hocquart; Bau des Pavillon Hocquart, Paris, rue Saint-Lazare und Chaussée d'Antin.
Arbeit für den *Service des Eaux et Forêts* (Forstbehörde): Rolampont, Neuilly-l'Evêque, Corgirnon, Culmont, Marac (Haute-Marne); Fouvent-le-Châtel, Roche-sur-Vannon (Haute-Saône); Villadin, Rigny-le-Féron (Aube); Cruzy-le-Châtel (Yonne).
Heirat mit Marie Bureau, Tochter des königlichen Musikers Joseph-Grégoire Bureau.

1765
Bau des Château de Brienon-l'Archevêque (Yonne) für den Kardinal von Luynes; Arbeiten an der Abbey d'Escharlys, Villefranche Saint-Phal (Yonne), Kreuzgang und Hof, Plan für Chor und Orgelgalerie für die Kathedrale von Auxerre.

1766
Bau der Stadthäuser: Hôtel d'Hallwyl, rue Michel-le-Comte, für Franz-Joseph d'Hallwyl, Oberst der Schweizer Garde;
Maison Foucault, rue Basse-de-Rempart, für die Marquise de Foucault;
Appartement, Place Vendôme, für den Baron Crozat de Thiers.

1767
Erfolglose Kandidatur für die Académie d'architecture.

1768
Bau des Hôtel d'Uzès, rue Montmartre, für François-Emmanuel de Crussol, neunter Herzog von Uzès.

1769
Weitere Stadthäuser: Hôtel de Montmorency, Chaussée d'Antin, für Louis-François-Joseph, Prinz von Montmorency.
Plan für Hôtel de Gourges, für Madame de Gourges, Schwester des Präsidenten Chrétien-François II de Lamoignon.
Pavillon Saint-Germain, rue Saint-Lazare, für Louise Tirmant de Saint-Germain.

1770
Pavillon für den Dichter Saint-Lambert, Eaubonne, auf dem Besitz von Joseph-Florent Le Normand de Mézières.
Château de Bénouville, in der Nähe von Caen, für Hippolyte-François Sanguin, Marquis von Livry.
Hôtel und Théâtre Guimard, Chaussée d'Antin, für die Guimard, Marie-Madeleine.
Pavillon de Louveciennes, für Madame Dubarry.

1771
Geburt der Tochter Adélaïde-Constance.
Bau des Hôtel Tabary, rue du Faubourg-Poissonnière, für Pierre-René de Tabary.
Einweihungsfest von Louveciennes (2. September).
Ernennung Ledoux's zum Bevollmächtigten für die Salzbergwerke in der Franche-Comté, Lothringen und Trois-Evêchés, Beigeordneter von Perronet (20. September).

1772
Entwurf für Hôtel des équipages, Versailles, für Madame Dubarry.
Uraufführung im Théâtre Guimard (8. Dezember).

1773
Baubeginn des großen Palais de Louveciennes für Madame Dubarry.
Ledoux erhält einen Sitz zweiter Klasse in der Académie.
Studien zur Ansiedlung einer Saline in der Nähe von Arc-et-Senans (amtlicher Beschluß vom 23. April).
Erster Entwurf für die Saline von Chaux.

1774
Vertrag für den Bau der Saline von Chaux, unterzeichnet zwischen der *Ferme générale*, Generalpacht, und Jean Roux Monclar, Unternehmer aus Paris (am 12. März, tritt im Oktober in Kraft). Bauplatzvermessung von Chaux (14. September).
Zweiter Entwurf für die Saline von Chaux an den Bauingenieur abgesandt (28. Oktober, beschrieben als *plan de masse*).

1775
Endgültige Wahl des Standorts für die Saline von Chaux (Januar).
Bau der Saline von Chaux durch königlichen Beschluß genehmigt (14. Februar).
Grundsteinlegung (15. April).
Auftrag für das Theater von Besançon durch den Intendanten von Franche-Comté, Charles-Alexandre de Lacoré.
Ledoux verschickt den *plan de detail* des Erdgeschosses der Saline (2. Juni).
Ledoux verschickt Aufrisse von Chaux (16. Juni).
Geburt der zweiten Tochter, Alexandrine-Euphrasie.
Erster Entwurf für das Theater von Besançon.
Bau des Hôtel de Cramayel, rue du Sentier, für François Fontaine de Cramayel, Generalsteuerpächter.
Salzspeicher in Compiègne, für Generalpacht.
Reise nach Deutschland, Besuch in Kassel (November–Dezember).
Entwurf eines Triumphbogens für Kassel.
Entwurf des Château Saint-Vrain, für Madame Dubarry.

1776
Entwurf für das Museum Fredericianum oder die Bibliothek von Kassel.
Besuch in Aix-en-Provence zur Besichtigung des alten Justizpalastes.

1778
Baubeginn am Hôtel Thélusson, rue de Provence, für Marie-Jeanne Thélusson, Witwe des Bankiers Tobie Thélusson.
Entwurf für die *retour de chasse*, Scey-sur-Saône, für den Prinzen Charles-Roger de Bauffremont-Listenois.

1779
Bau des Theaters von Besançon.

1779–83
Drei Entwürfe für den Justizpalast in Aix-en-Provence.

1780
Entwurf für das Hôtel d'Artagnan de Fezensac (de Montesquiou).
Neubauten: Hôtel d'Attilly (de Jarnac), Faubourg Poissonnière und Hôtel d'Espinchal, rue des Petites-Ecuries.
Entwurf für das Maison de M. de Witt.

1783
Bau des Hôtel de Valentinois, rue Saint-Lazare.
Hôtel des Fermes, rue de Grenelle.

1784
Entwurf des Hôtel de ville, Neuchâtel.
Entwurf für das Theater in Marseille.
Calonne genehmigt die Entwürfe für die Stadtmauer um Paris (11. Juni).

1784–85
Entwürfe für Justizpalast und Gefängnisse, Aix-en-Provence.

1785–87
Die *barrières* von Paris für die *ferme générale* werden gebaut.
Entwürfe für: ein Handelshaus, rue Saint-Denis; Village de Maupertuis; Caisse d'Escompte; Maisons Saisseval; Maison rue Neuve de Berry; Hôtel d'Evry; Ferme, rue Saint-Lazare; Château de Barrail; Château d'Eyguières; Palais Episcopal de Sisteron; Pachthof und Schäferei de la Roche-Bernard; Park und Anlagen, Château de Bourneville; Palais du gouverneur, Aix.

1789
Kupferstich für das Titelblatt der *Architecture.*
Endgültige Stillegung des Baus der Zollmauern (23. Mai).
Brand der Zollmauern (10.–14. Juli).
Anonyme Veröffentlichung: *Un bonhomme aux Etats-généraux,* in der Poyet des Plagiats angeklagt wird.

1790
Entwurf für eine neue Oper wird dem Pariser Magistrat vorgestellt.

1791
Einstellung der Arbeiten in Aix.

1792
Bau der Maisons Hosten, rue Saint-Georges, für J. B. Hosten.
Tod von Marie Bureau-Ledoux.

1793
Verhaftung von Ledoux (29. November).

1794
Tod von Adélaïde-Constance Ledoux.

1795
Freilassung von Ledoux (13. Januar).
Entwurf für die Landwirtschaftsschule von Meilliant.

1800
Précis de l'ouvrage de Ledoux architecte niedergelegt im Institut.

1803
Ledoux verteilt den *Prospectus der Architecture.*

1804
L'Architecture considérée sous le rapport de l'art, des moeurs et de la législation, Bd. I erscheint.

1806
Tod von Ledoux am 19. November.
Begräbnis auf dem Friedhof von Montmartre am 21. November.

Ausgewählte Bibliographie

ALLGEMEINE WERKE

J. D. Bandiera, „The city of the dead: French eighteenth Century design for funerary complexes", *Gazette des beaux-arts,* 1983, 101, n° 1368, p. 25–32.
F. Benoit, *l'Art français sous la Révolution et l'Empire,* Paris 1897.
E. Frémy, „L'Enceinte de Paris construit par les fermiers généraux et la perception des droits de la ville", *Bulletin de la Société de l'Histoire de Paris,* 1912.
M. Gallet, *Demeures parisiennes à l'époque de Louis XVI,* Paris 1964.
E. Kaufmann, *Architecture in the Age of Reason; Baroque and Post-Baroque in England, Italy and France,* Cambridge 1955.
E. Kaufmann, „Architektonische Entwürfe aus der Zeit der französischen Revolution", *Zeitschrift für bildende Kunst, 1929–1930.*
E. Kaufmann, Die Krise der Baukunst um 1800, Stockholm 1933.
E. Kaufmann, *Von Ledoux bis Le Corbusier, Ursprung und Entwicklung der autonomen Architektur,* Wien 1933. Reprint Stuttgart 1985.
H. Lipstadt, „Soufflot, De Wailly, Ledoux, la fortune critique dans la presse architecturale", 1800–1825, *Cahiers de la recherche architecturale,* Paris, 1980, n° 6–7, p. 298–303.
Piranèse et les Français, Actes du colloque „Piranèse et les Français", 12–14. Mai 1976, Rome, publiés sous la direction de G. Brunel, Rome, 1978, collection Académie de France à Rome.
Résumé du colloque Soufflot, colloque „Soufflot et l'architecture des lumières", Lyon 1980.
H. Rosenau, *The Ideal City in Its Architectural Evolution,* London 1959.
J. Starobinsky, *les Emblèmes de la raison,* Paris 1973.
B. Stoloff, S. Ziegler, *l'Architecte sous l'Ancien Régime,* Association pour la recherche près l'Institut d'architecture et d'urbanisme de Strasbourg, Strasbourg 1978.
A. M. Vogt, *Die Französische Revolutionsarchitektur und der Newtonismus,* Berlin 1967.

SCHRIFTEN VON LEDOUX

C. N. Ledoux, Manuscrits, Archives nationales, T 705, Q1 1. 101, Q1 1.933.
C. N. Ledoux, *l'Architecture considérée sous le rapport de l'art, des mœurs et de la législation,* Paris 1804.
C. N. Ledoux, *l'Architecture de Claude-Nicolas Ledoux,* 2 vol., édité et préfacé par D. Ramée, Paris 1847. Facsimile dieser Ausgabe: Princeton 1984.
C. N. Ledoux, *l'Architecture considérée sous le rapport de l'art, des mœurs et de la législation,* édition anastatique de F. De Nobele, 2 vol., Paris 1962.
C. N. Ledoux, *l'Architecture considérée sous le rapport de l'art, des mœurs et de la législation,* vol. 1, New York 1980, Facsimile der Ausgabe Paris 1804.
C. N. Ledoux, *l'Architecture considérée sous le rapport de l'art, des mœurs et de la législation,* Nördlingen, 1981, Facsimile der Ausgabe Paris 1804.

WERKE ÜBER LEDOUX

M. Brion, „Un précurseur de l'architecture moderne", *Beaux Arts,* Januar 1937.
J. Cellerier, *Notice rapide sur la vie et les ouvrages de Claude-Nicolas Ledoux,* Paris 1806.
Y. Christ, L. Schein, *l'Œuvre et les rêves de Claude-Nicolas Ledoux,* Paris 1971.
Y. Christ, *Projets et divagations de Claude-Nicolas Ledoux,* Paris 1961.
S. Conard, „Aux sources de l'architecture parlante. L'archéologie mystique de C. N. Ledoux". Communication au colloque „Piranesi e la cultura antiquarie", Rome 1979.
S. Cordier, *la Séduction du merveilleux. C. N. Ledoux, E. L. Boullée, J. J. Lequeu,* Aix-en-Provence 1968.

M. Gallet, „La jeunesse de Ledoux", *Gazette des beaux-arts,* février 1970, p. 65–92.
M. Gallet, „Ledoux et sa clientèle parisienne", *Bulletin de la Société de l'histoire de Paris,* 1974–1975, p. 131–173.
M. Gallet, *Claude-Nicolas Ledoux (1736–1806),* Paris 1980 (deutsch: *Claude-Nicolas Ledoux. Leben und Werk des französischen „Revolutionsarchitekten",* Stuttgart 1980).
K. Gallwitz, G. Metken, *Revolutionsarchitektur, Boullée, Ledoux, Lequeu,* Baden-Baden 1974.
E. de Ganay, „Le Théâtre de Besançon", *Revue de l'art ancien et moderne,* 1927.
J. J. Gloton, S. Conard, „Aix-en-Provence dans l'œuvre de Claude-Nicolas Ledoux", *Monuments et mémoires,* l'Académie des inscriptions et belles-lettres, Vendôme 1983.
H. Graham, „Ledoux and his Ideal City", *Apollo,* novembre 1963.
W. Hermann „The problem of chronology in Claude-Nicolas Ledoux' engraved work", *Art Bulletin,* septembre 1960, vol. XLII, 3.
E. Kaufmann, „Die Stadt des Architekten Ledoux", *Kunstwissenschaftliche Forschungen,* 1932, II.
E. Kaufmann, „C. N. Ledoux, inaugurator of a new architectural system", *Journal of the Society of Architectural Historians,* 1944, IV, 2.
E. Kaufmann, *Three Revolutionary Architects, Boullée, Ledoux and Lequeu,* Philadelphia 1952.
P. Lacroix, *La Saline d'Arc-et-Senans et les techniques de canalisation en bois,* Lons-le-Saunier 1970.
J. Langner, *Claude-Nicolas Ledoux. Die erste Schaffenszeit 1762–1774,* o. O. 1959.
J. Langner, „Ledoux' Redaktion der eigenen Werke für die Veröffentlichung", *Zeitschrift für Kunstgeschichte 2,* 1960.
J. Langner, „Ledoux und die ‚Fabriques'. Voraussetzungen der Revolutionsarchitektur im Landschaftsgarten", *Zeitschrift für Kunstgeschichte,* 1963, 1, p. 1–36.
D. Le Comte, *Boullée, Ledoux, Lequeu: les architectes révolutionnaires,* Paris 1969.
J. C. Lemagny, *Visionary Architects: Boullée, Ledoux, Lequeu,* University of St. Thomas, Houston 1968.
G. Levallet-Haug, *Claude-Nicolas Ledoux 1736–1806,* Paris-Strasbourg 1934.
G. Levallet-Haug, „Un projet d'urbanisme au XVIIIe siècle", *Urbanisme,* 1935.
J. C. Moreux, M. Raval, *Claude-Nicolas Ledoux, architecte du roi,* Paris 1945.
M. Ozouf, „L'image de la ville chez Claude-Nicolas Ledoux", *Annales, économie, société, civilisation,* novembre-décembre 1966.
D. Rabreau, „Nature et architecture parlante: Soufflot, De Wailly et Ledoux touchés par les lumières", *Résumé du colloque Soufflot,* Lyon 1980.
J. Rittaud-Hutinet, *La vision d'un futur: Ledoux et ses théâtres,* Lyon 1982.
H. Rosenau, „Claude-Nicolas Ledoux", *Burlington Magazine,* 1946.
H. Rosenau, „Boullée and Ledoux as towns planners, a re-assessment", *Gazette des beaux-arts,* 1964, p. 173–190.
H. Rosenau, „Ledoux, an essay in historiography", *Gazette des beaux-arts,* 1983, 101, n° 1372–1373, p. 177–186.
M. Saboya, „Claude-Nicolas Ledoux et son utopie sociale", *Information d'histoire de l'art,* 1970, n° 3, p. 136–138.
B. Stoloff, *Die Affaire Ledoux. Autopsie eines Mythos.* Wiesbaden 1983.
A. Vidler, „The Architecture of the Lodges. Ritual Form and Associational Life in the Late Enlightenment", *Oppositions 6,* 1976.

Bildnachweis

BIBLIOTHÈQUE HISTORIQUE DE LA VILLE DE PARIS
(Photographien von Gouviot): 110a, 111b–c–d

BIBLIOTHÈQUE MÉJANÈS
(Aix-en-Provence): 75b, 76–77, 105b

BIBLIOTHÈQUE MUNICIPALE DE BESANÇON
(Clichés J. de Grivel): 75a, 88b, 105b

BIBLIOTHÈQUE NATIONALE (PARIS), CABINET DES ESTAMPES:
25, 42, 43b, 142a

BULLOZ:
33, 34a–c

C. N. M. H. S. (PARIS):
83a, 84, 88a

ÉDITIONS A. ET J. PICARD (PARIS):
85

ÉDITIONS HAZAN (PARIS):
63b, 83b, 94

GILLES EHRMANN:
52b, 67, 71

FONDATION CLAUDE-NICOLAS LEDOUX (ARC-ET-SENANS):
73, 74b

LAUROS-GIRAUDON (PARIS):
20, 23, 35, 77b

MUSÉE CARNAVALET (PARIS) (CLICHÉS MUSÉES DE LA VILLE DE PARIS, SPADEM):
24, 38–39, 77b, 89a

RÉUNION DES MUSÉES NATIONAUX (PARIS):
34

SOCIÉTÉ FRANÇAISE DE PHOTOGRAPHIE (PARIS):
108, 110b, 111a

ARTHUR THÉVENARD:
35, 36, 37, 74a, 78, 79, 80

ANTHONY VIDLER:
10a, 30, 31, 127a

Umschlagabbildung:
Die Salinen von Chaux. Wagenremise des Direktors (Detail).
Aufnahme von Gilles Ehrmann.

Index

Die kursiven Ziffern verweisen auf Illustrationen